U0043852

賺錢公司和你想的不一樣

破除七大原罪、活用兩大訣竅，一定賺到錢

Corporate Denial: Confronting the World's Most Damaging Business Taboo

Will Murray◎著　莊芳◎譯

Corporate Denial : Confronting the World's Most Damaging Business Taboo
Copyright © 2004 by Will Murray
Chinese translation Copyright © 2008 by Faces Publications, a division of Cité Publishing Ltd.
All Rights Reserved. Authorized translation from the English language
edition published by Capstone Publishing Ltd.

企畫叢書 FP2172

賺錢公司和你想的不一樣

破除七大原罪、活用兩大訣竅，一定賺到錢

作　　　者　Will Murray
譯　　　者　莊芳
副總編輯　劉麗真
主　　　編　陳逸瑛、顧立平

發　行　人　涂玉雲
出　　　版　臉譜出版
　　　　　　城邦文化事業股份有限公司
　　　　　　台北市中正區信義路二段213號11樓
　　　　　　電話：886-2-23560933　傳真：886-2-23419100
發　　　行　英屬蓋曼群島商家庭傳媒股份有限公司城邦分公司
　　　　　　台北市中山區民生東路二段141號2樓
　　　　　　客服務專線：886-2-25007718；25007719
　　　　　　24小時傳真專線：886-2-25001990；25001991
　　　　　　服務時間：週一至週五上午09:00~12:00；下午13:00~17:00
　　　　　　劃撥帳號：19863813　戶名：書虫股份有限公司
　　　　　　讀者服務信箱：service@readingclub.com.tw
香港發行所　城邦（香港）出版集團有限公司
　　　　　　香港灣仔軒尼詩道235號3樓
　　　　　　電話：852-25086231　傳真：852-25789337
　　　　　　E-mail：hkcite@biznetvigator.com
馬新發行所　城邦（馬新）出版集團 Cité (M) Sdn. Bhd. (458372 U)
　　　　　　11, Jalan 30D/146, Desa Tasik, Sungai Besi, 57000 Kuala Lumpur, Malaysia
　　　　　　電話：603-90563833　傳真：603-90562833
初版一刷　　2008年4月20日

城邦讀書花園
www.cite.com.tw

定價：260元

（本書如有缺頁、破損、倒裝、請寄回更換）

目 錄

有害無益的公司壓力！

我們的研究顯示：

- 40%以上的大型及中型英國企業，都與其員工溝通不良；
- 40%的大型及中型英國企業，主管都不願傾聽他人意見；
- 三分之一的公司都是說一套做一套；
- 每三家公司就有一家面臨不斷重整的命運；而且
- 有五分之一的公司根本無法做出重大決策。

現有資料顯示：

- 比起二十年前，經理人通常一年要多工作一個月；
- 與壓力相關的索賠案增加了十二倍之多；隨時都有約6,000件申訴案件等待法庭審理；
- 僅只在英國，每年就有1300萬個工作日是在壓力之下度過；
- 美國方面，一年則浪費掉2億個工作日；而且
- 公司的壓力使歐美公司損失了數十億元！

是該推翻公司壓力的時候了嗎？

是該勇敢克服鴕鳥心態的時候了嗎？

〈序〉
你改變世界跟著改變

　　歷史的影響力始終運轉不停，所以，現在的我們可以撕碎所有適用於20世紀社會的守則條例了。這個瞬息萬變的世界，從來沒有面臨過比現在更大的挑戰或歧見。全新的磁場和全球政治的力量，造成一個國家政府再也無法掌控的世界，更扭曲了一切方位。我們都知道自己是「世界的公民」，卻不再確定正北是在哪個方向。

　　揮別工業經濟，迎接全球知識經濟；揮別公營事業，迎接21世紀以來科技推動而得到力量的全球公民，以及那些在偉大夢想中擁有行動力，並帶領我們進入這個世界的人。沒錯，我就是在說我們自己，全世界的公民們。

　　在20世紀，許多我們無力改變的問題，無論我們多麼擔心與焦慮，都只能仰賴政府。但現在，這一切都已經變了。

　　世界的全景，必須由我們共同勾勒，這也是我們掌握並追逐新個人價值的合作契機。著名的人道主義者甘地（Mahatma Gandhi），就以他恆久不變的智慧說過這樣的一句話：「改變世界要從自己做起。」

　　為了讓世界為我運轉，我必須先讓世界為你運轉。你我也必須一起讓世界為全球的公民運轉，而不只是今晚將餓著肚子入睡的8億人口。如果我們每天創造的工作價

值、信仰、理想與倫理只是分散全球合作的力量，並沒有幫上經濟環境什麼忙，那麼我們個人與公司的長期目標就注定失敗。

我們如今擁有的富含機會的商業環境，再也不受過去地理或科技的限制、阻擾；要不要培養以價值為導向的決策氛圍，也完全由我們決定。

屏除傳統商業內的企業文化，正是當務之急。社會大眾開始審視和非難全球企業的惡行惡狀，重新評估企業是否遵守倫理、環境與社會的責任。一個全新的團體加上有責任的文化，已經不再只是精神上的態度，而是口袋的深度；這，就是良好的商業知覺。

這是你所嚮往的未來：你就是推動全球商務與個人社群，讓他們產生新連結的引擎。誠實正直，則是發動引擎和推進的燃料。好好掌握你可以選擇的機會，然後深植於真理、信任與和平的鐵三角內。沒有真理，可能就沒有信任；沒有信任，就不再有和平。用這個概念來經營你的關係，直到大家都能信任你、願意和你一起改變。現今世界上有太多的領導者，就是因為走不到這一步才無法實現抱負。要記得，甘地的偉大成就，就是來自於他實現價值的力量。

絕對不要低估良好動機的力量。你改變，世界也會跟著一起產生變化。想想看：在你挑選這本書的同時，就已經把現在投資給未來，那個你希望孩子們擁有的未來。我希望你在閱讀威爾·莫瑞的書以後，就能發現全新的明天。畢竟，威爾是為了他的孩子喬治和亨利才寫下這本書的。

　　你的雄心壯志愈是能結合人類利益及商業，就愈與你的工作成就息息相關。再者，你在市場上的價值也會愈來愈高，更能掌握自己的選擇權和未來。請記住這點：價值導向的方法和企業文化的精神，彼此之間並不相容。

　　我在創立並推動「伊甸植物園計畫」（Eden Project）時，從中學到的經驗告訴我，世界上沒有什麼比及時的主意更有力量。「伊甸計畫」之所以受到全球擁戴，因為它是全球公民關注的焦點，也是未來的期望。它對全世界發送了意義重大的信號，不只和全球議題都有關係，也參與未來還會持續存在的種種爭議。

　　在不遠的將來，你終得退休；但你的朋友不只會回頭評斷你的理念，還會檢視你的作為和成就。不妨將威爾的書視為企業的組織架構，並為明天做打算。為了達到所期望的未來，你可把這本書作為指南針，用以指引個人和商業優先順序的方向。

大英帝國皇室榮譽成員

約拿森‧博爾（Jonathan Ball MBE）
在陽光滿溢的康瓦爾郡（Cornwall）

〈自序〉
解開公司不賺錢的真正原因

　　這本書裡的概念，源自我二十幾年來觀察各大企業的心得。從菜鳥實習生到資深主管，這二十幾年裡我做過許多工作，也曾經在多家大型公司任職。其他時間裡，我則是以組織教練和關係問題解決者，或是試著從顧客的角度幫助他們解決困難。

　　在這段期間裡，我最感興趣的就是人際關係、溝通方式，以及我們在群體或組織中的表現形式。

　　請讓我先向你們解釋，這本《賺錢公司和你想的不一樣》從何而來：為什麼我要寫這本書？為什麼我相信它和你們先前所讀的書都不一樣？

　　這本書的靈感，是某天傍晚我在英國康瓦爾郡的法茅斯市（Falmouth）中，一家叫做「綠堤」（Greenbank）的飯店裡所得到的。

　　結束一天繁忙的研討會後，我和我的同事大衛・柏特（David Birt）及安娜希・班布里（Annalese Banbury）在酒吧裡試著放鬆心情，並回想當天所獲得的經驗。最後，我們提出了以下這些問題：

　　為什麼在這個充滿商業訓練和資訊的世界裡，各種規模企業的績效還是有如天壤之別？

　　為什麼我們認得的優秀經理人，卻在較差的企業中看

起來筋疲力盡、失落，有如身陷泥淖？

我們盡力試著不放聲怒罵，卻還是止不住怒火：

為什麼有這麼多爛公司？

為什麼客戶時常無法獲得完善的服務？

為什麼有些公司無法建立長遠的合作關係？

為什麼我們就是很難幫上某些人的忙？

為什麼沒幾家能夠讓我們讚嘆的公司？

為什麼有這麼多公司可以矇混下去？

或許我們是被環境所影響——綠堤酒店是英國童話作家格拉姆（Kenneth Grahame）名著《柳林風聲》（*The Wind in the Willows*）的寫作場所——也許是酒精作祟，直到傍晚快要結束時，我們心中的謎團才漸漸明朗，開始明白一些基礎事實的重要性。這些事實，後來便根據不同企業發展的關係類型而成形。

那天晚上過後，我就開始研究、發展並測試一些理論，而這些研究也跟著成為本書的基礎。攤開說來，就是今天有很多企業都在「有系統」地走下坡，無法發揮應有的潛力；但好消息是，他們還有救。

我的意思並不是企業無法、或不能獲得成功，而是他們所想、所為的文化統治方式，無可避免的限制了長期的成功。

我相信，我所形容的「鴕鳥心態」（Corporate Denial）是許多企業的通病，包括經理人、員工、股東、客戶甚至於整個社群，都是這個疾病的受害者。

我也相信，大多數優秀成功企業所展現的自然行為模式，可讓他們對鴕鳥心態免疫。

這些行為模式，正可以讓有正面動機的公司、團體採用並學習。我將會在本書中介紹一系列詳盡的「地圖」或是解決方法，來幫助各種團體建立更深厚的關係，邁向成功。

這本書也集結了我入社會以來累積的所有成就。我總是拒絕接受事物原有的樣貌，除了因為它們永遠一成不變之外，也可能是因為我擁有比較獨特的觀點。

我相信人要去「做對的事」，不單單是只出於道德觀念——雖然有時的確如此——而是希望更有效率，最終達到成功的目標。一直以來，這都是我做事的方法，即使可能要犧牲眼前的成就或獎勵，我也不改初衷。

這正是促使我離開大企業體英國電信公司的原因，我在那整整工作了十年。當然，這也是我離開安永管理顧問公司的理由。

如果我接受命運的安排，而且不想面對太多挑戰——寧願平凡——我現在就會像之前多數的同事一樣，還留在這些大企業裡工作。

但我選擇了另外一條路：成為獨立的組織教練和關係問題解決者，勇敢的堅持自己的核心信仰，實踐我所鼓吹的概念。

我以幫助企業建立一致良好和成功關係為目標，也將此當成自己的責任；無論對錯，我就是要去挑戰客戶的想法和行為。我不只挑戰客戶對關係、溝通和組織想法的方式——為了使他們更好——我也會質疑他們的私人行為，並尋找實際的個人信仰及原則典範。

很幸運的，這一路上遇到不少朋友，如大衛・柏特、

提姆・蓋伊（Tim Guy）和安娜希・班布里，對於企業應該怎麼營運，他們和我有著相同的願景。我們一起發展了書中許多的原則，並時常分享幫助客戶成長的工作。

擁有這樣的朋友和同事，對我造成很大的影響，也讓我有力量堅持下去。

就像坐雲霄飛車一樣，這是個很棒的旅程！過去這幾年來，我有機會和各個企業中的不同人士合作，並面對各式各樣的機會；我相信在他們面前，我就如同掏出一把槍向他們挑戰一般——即使氣氛鬧得很僵我也毫不妥協。

我把這個理念套用在企業行為的各個方面，溝通應該透過一套原則來進行。我採取的方法，通常包括下列四個基本步驟：

- 目的：清楚了解要達到的目標，確認領導團隊達到這個共識，而且他們可以簡單有力地向他人說明；
- 焦點：確認組織的所有力量都專注在大家同意的目標上；
- 關係：建立穩固的內外關係，作為企業的市場區隔和成功的核心目標；
- 溝通：確認企業具有完全有效、有意義和專注的內部溝通，且外部溝通和企業目標與文化一致；所有的溝通都以互惠為基礎。

從某個角度看來，我的角色就像是維多利亞時代的男管家。我曾經看過，很多公司就像我們一早起床不修邊幅的模樣，沒化妝、沒刮鬍子，有時甚至更糟。我也曾親眼目睹企業爭吵又合好如初、共同保守內部秘密、解決一切

混亂，並在最後讓客戶見到準備就緒的一面。

我和客戶之間分享的深厚關係和熟悉感，讓我能以獨特的見解，一窺企業領導、企業關係以及企業文化的複雜世界，也讓我明白為什麼有些企業會成功，有些卻注定失敗。

因此在一家公司裡裡外外打點、讓個人示範他們的核心原則、加強內部溝通、建立更強的企業文化和關係，以及使用證據來支持他們的市場訊息，便成為我的一種生活方式。

我把焦點放在大家都同意的商業原則和目標、定義行為、論證、證據和示範的標準上——而這可不會讓我受歡迎！

將「挑戰」融入生活中的方式，會讓你交到一些好朋友，也會讓你樹立不少⋯⋯如果不用「敵人」這個詞，就說是「詆毀者」好了。

被質問行為的動機時，有些人能夠接受，但對其他人而言，則可能不受歡迎，也是無禮的冒犯。

有些人不喜歡他們的決定受到質疑，有些人則因為想不出解答而不好意思，還有些人是害怕質疑主管的指示。有部分的人會坦白承認，因為他們相信沒人有答案，所以有作為總比沒作為好。（畢竟我們還有預算，如果今年沒花完，明年就再也申請不到了！）

我遇過玻璃天花板（譯註：意指工作上的無形障礙）——這不單指人們的職業，而是質疑一個人挑戰決策準則的能力。我也遇過玻璃牆和玻璃地板，因為人們總是不願意或是還沒準備好，只讓他們的朋友或部屬參與討論。

　　如果你不真正張開眼睛，就無法了解企業的命脈。就像是身為一個家庭的老朋友一樣：即使你們再親近，你也仍然不是家庭的一份子，這反而讓你在看事情的時候更客觀。

　　在我親自參與後，我終於有機會了解各商業階層中具有不同職責的個人。我的經驗是，只要你不具威脅感，而是試著提供協助，他們就會相當願意付出。在本書中，這一點就是我驗證事實觀念的關鍵要素。

　　回到綠堤飯店。那晚的景色歷歷在目，我們哲學的核心和《賺錢公司和你想的不一樣》一書的基礎，就是在那時建立起來的。

　　我工作過的許多公司組織的通病，就是他們成立的方式。和其他企業的基礎架構比起來，企業文化的問題，如銷售、生產或建立資訊科技和財務系統等，似乎比較沒那麼嚴重。

　　然而很不幸地，企業與個人不同，沒有自然的內建變更機制，而且企業文化很快就會決定未來關係的結果。此外，對多數企業而言，幾乎不太可能重新定義、改變或甚至重建企業文化。

　　更嚴重的是，當企業淪落到由第三或第四個管理團隊接管時，整體文化還會分解成各個不同的思想體系。

　　這本書將討論這些議題，它非常精確地擷取了我所能達到的最佳成就，並辨識出必須突破的現有障礙。另外，本書也檢視了為什麼一些企業能夠成功，其他的就只能望而興嘆。

　　《賺錢公司和你想的不一樣》中形容的每個情況、優

點及缺點,都是根據現實生活的經驗而來。你可以根據我成功使用在客戶身上的方法,以及我所見到成功客戶採取的步驟,獲得簡單的解決方法。

書中我將依序闡述:

- 描述遭受「企業壓力」(Corporate Stress)下的生活,介紹鴕鳥心態的概念,討論鴕鳥心態的徵兆,包括守舊的常規,以及解釋如何診斷是否存在;

- 檢視個人績效的舊原則,並說明這些原則如何影響組織;

- 強調工作文化的重要性,說明為何一個組織在不了解文化力量是決定長程成功的情形下就無法成功;

- 以含有「原始組織」(Primitive Organization)以及「先進組織」(Advanced Organization)的企業光譜介紹企業演化概念,並解釋為何有些企業可以成長,有些則否;

- 介紹「商業真相與調解」(Truth and Reconciliation in Business)概念,並解釋為何這是一些組織避免鴕鳥心態症狀的唯一過程;

- 解釋如何應用「關係地圖」(Relationship Mapping)來成為驚人的成功企業,告訴你為何使用「真相、文化、訊息和行為地圖」可以幫助你掌握自己的命運,不再安於現狀,並且建立一個讓你擁有卓越成就的文化;

- 分享我應用劇場藝術至商業的信仰,並強調在整合組織時「行動憲章」(Active Constitution)和「企業儀

式」（Corporate Ritual）的重要性。

你將會被迫面對生活，但不是經由你的雙眼，而是藉由你員工、同事及顧客的見解；說不定，你也會面對一些殘忍的現實：

- 你的企業是「創始」（Primitive）、「圖利」（Mercenary）、「封建」（Feudal）或「進階」（Advanced）的？
- 你需要挽救關係嗎？
- 你的企業目前已顯現了鴕鳥心態的症狀嗎？

你可能會很震驚，也可能不會同意這樣的說法；但事實上，我是第一個認定鴕鳥心態是相當具有挑戰性的人。當我第一次測試這個概念時，有些人的反應相當激烈，而且拒絕承認這個概念的存在。

你還不肯承認鴕鳥心態？

你還在欺騙自己？

由你決定。

will@willjmurray.com

不賺錢公司
的七項原罪

你再也不能鴕鳥下去的鐵證

搜集證據

知道一件事情是一回事，能夠證明它的確存在又是另一回事。

在職場中打滾了二十幾年，能讓你知道在大企業內工作的生活是什麼樣子——但假使我的經驗就是特別異於常人呢？

為了讓我的身心好好休息一下，我毅然決然地開始研究市場。首先我受到Bingham Calnan集團羅里士・卡納（Lauris Calna）的委託，進行了一些獨立研究。我們研究了超過一千家英國公司的意見，小至員工50人的公司、50-200人的企業，到員工超過200人的大型集團。

因為我們想知道，鴕鳥心態究竟是事實，還是我們的想像！

我們著重鴕鳥心態中最具危險的徵兆，並詢問這些員工他們的公司是否經歷下列的狀況：

- 缺少內部溝通；
- 經理人不聽彼此的意見；
- 不願執行艱難的決策；
- 老是在重整組織；
- 不願意檢視內部；
- 說一套做一套；以及
- 無效的獎賞和認可。

答案顯而易見！

調查結果

占最高百分比的結果十分清楚：

⊙鴕鳥心態的七項原罪：所有企業

承認原罪企業的百分比：

1. 缺乏溝通	31%
2. 經理人不聽彼此的意見	30%
3. 說一套做一套	23%
4. 老是在重整組織	22%
5. 無效的獎賞和認可	22%
6. 不願執行艱難的決策	16%
7. 不願意檢視內部	10%

這份清單的前兩項，就是鴕鳥心態的最主要成因──缺乏溝通和經理人不聽彼此的意見。幾乎有三分之一的公司，都遇到這些會削弱公司力量的問題。

也幾乎每四家公司裡，就有一家說一套做一套、老是在重整公司組織，而且無法適時給予獎勵。

根據這個例子，你可以開始清楚地見到鴕鳥心態的規模。我們雖然只研究了幾千家的企業，但這個結果還是提供了大多數企業裡的概略情況。

如果這樣的結果吸引了你的注意力，那麼，大型企業裡的情況一定讓你有更多憂心的理由。

中小型企業

⊙駝鳥心態的七項原罪：企業組織，員工50-199人

承認原罪的百分比：

1. 缺乏溝通	43%
2. 經理人不聽彼此的意見	40%
3. 說一套做一套	33%
4. 老是在重整組織	32%
5. 無效的獎賞和認可	29%
6. 不願執行艱難的決策	21%
7. 不願意檢視內部	15%

「缺乏溝通」和「不聽彼此意見」又再次獲得最高的百分比，分別是43%和40%，反映出此類企業規模的情況。

將近三分之一的組織都有經常重整的情形，而且缺乏完整性的──說一套做一套──更是常見。

五分之一的企業不願執行艱難的決策。幸好只有15%的企業不願意檢視內部，這至少能給予客戶一些希望。

較大型企業

⊙駝鳥心態的七項原罪：員工超過200人的組織

大型企業的情況一樣令人擔心，但排序卻略有改變。

缺乏溝通和經理人不願意聽彼此的意見，仍是駝鳥心

態中最常見的徵狀，分別佔了43%和40%。

如同我們先前的預測，組織愈大，不斷重整的問題就愈嚴重，因此成為第三項最常見的徵狀。此外，不願檢視內部和無效的獎賞與認可排名也往上升。這可能反映了大型組織具有較大檢視的範圍，以及認同對公司有貢獻者的困難度。

然而，說一套做一套的排名則往下降，這或許反映出大型企業內有較多的人力可以記錄第一手意見和發言。

清單中的最後一名是不願執行艱難的決策。或許是組織愈大，就會有愈多人願意處理艱難的決策。

評估七項原罪的影響

我們詢問了那些知道這種種問題如何影響組織績效的人。結果令人相當震驚。

以下的百分比，顯示這對整體組織效能有重要或極大的影響：

1. 無效的獎賞和認可　　　　　　　　　　　42%
2. 老是在重整組織　　　　　　　　　　　　36%
3. 不願執行艱難的決策　　　　　　　　　　32%
4. 不願意檢視內部　　　　　　　　　　　　32%
5. 經理人不聽彼此的意見　　　　　　　　　29%
6. 缺乏溝通　　　　　　　　　　　　　　　27%
7. 說一套做一套　　　　　　　　　　　　　27%

證據顯示，如果組織內至少有一種鴕鳥心態的症狀，

就有可能會愈來愈多。

如果一個症狀就能嚴重影響組織效能，那麼，多重症狀又會造成什麼效果呢？

別再假裝沒看見了！

這份獨立調查的結果，支持了我自身的經驗：鴕鳥心態存在於各種規模的企業體裡。

也許你的第一反應會說，鴕鳥心態對大企業的影響較深遠，但我可不這麼認為。

想想看，連員工數少於50人的企業中，都有三分之一遭遇內部溝通和彼此聆聽的困難，還有五分之一經常都在改組。所以你就必須捫心自問，這到底是怎麼回事。

這種規模的企業，實在不該在營運和成長的階段發生諸如此類的問題。

而在大型企業裡，有40%的比率失去了適當的溝通能力，並且不再聆聽彼此的意見。這也難怪會組織內的關係會變差，更讓鴕鳥心態成為全世界最毒害商業的禁忌。

到底發生了什麼事？

你因為這些問題而深感困擾嗎？

第 1 章

企業壓力

為什麼我們會有鴕鳥心態

誠實面對吧！

你仍在追求卓越的表現嗎？你是否對自己的生意有沒有特色而困惑？你的企業是否需要一位巫醫施法拯救呢？還是你能玩的把戲都早已經玩完了？

你是否曾問過自己以下問題：

- 「為什麼有這麼多的商業書籍、訓練課程、MBA和管理理論，還是無法讓世界上所有的領導團隊將企業經營得極為成功？」
- 「為什麼每天在工作上跟我往來的這些朋友，都替一些不怎麼傑出、明顯有瑕疵且平凡的大大小小企業工作？」
- 「為什麼企業不雇用高效率的人才，以確保絕對的成功？」

我常常問自己這些問題。在一個時尚與流行遍在的世界裡，尋找答案的唯一辦法，就是重新回到過去已經試過的一般常識和基本原則。

我在大企業工作的幾年裡，對於不同的人對同樣一件事所展現的不同態度和做事方法，一直感到很驚奇；我對能力與成功之間的關係也很感興趣——這關係通常在第一眼是無法預測的。

我現在深深相信，許多成功商業的關鍵，可以說是由於單純的偶然、地理因素，以及容我這麼說：他們走了狗屎運。

這些企業的存續和成功，可歸因於對於財富的遠見，

而不是優良的管理能力。例如：

- 獲得暢銷產品的銷售權；
- 天時地利人和；
- 品質比競爭者稍好；
- 擁有別無選擇的顧客；
- 顧客缺乏足夠的知識、精力與興趣，卻仍採取購買的行動；
- 藉由某種規範或自然壟斷以避免競爭。

你可能不太同意這些看法，說不定還認為：「沒錯，但這不是事實嗎？我愈是努力工作，運氣就愈好。」

我所說的「狗屎運」，你看來可能是努力工作、勇於冒險和良好的判斷能力——或許你沒錯。

但這到底是因為你的辛勤工作、勇於冒險和良好的判斷，還是你只是個承接前人遺產的幸運兒？

你是否只不過是個擁有客戶所需產品的人，而且誰來販賣都差不多？

面對現實吧：

有好幾千家公司是真的營運良好、辛勤努力、專注在客戶身上，而且表現又沒話說。我曾經在這樣的公司裡工作過，它們真的很能鼓舞人心。

營運順利、辛勤努力、專注於客戶和表現良好的公司有好幾千家，但是他們仍在學習重要的一課：建立重要的關係或試著打入高競爭、快速轉變的市場，並且正要全力享受勞力付出所得的果實。我也曾在這樣的公司工作過，它們的膽識和決心是**非常**鼓舞人心的。

但也還是有數千家公司，仍然在享受前人辛勤工作和成功的果實，或是受到保護，不必面對龐大競爭。這些公司現今的領導團隊，可能已經不是先前帶領公司獲得成功的團隊。現在，他們只得靠自己奔向成功。

他們缺乏專注的焦點，而且許多人已經失去獨自努力成功的精神。他們浪費金錢、相互爭吵、容易自滿、對挑戰反應疲乏；而且就算生意不差，還是會失去借助過去成功經驗的機會，進而無法掌握包括所有人的美好未來——例如顧客和員工。

這些企業沒有立即的需求或慾望來全力表現。它們只想賺到足夠的金錢，以滿足管理團隊的需要、股東的期望和員工的需求。就像迷失在地獄裡一樣，我相信，這種組織在今日的社會裡比比皆是。

當我開始思考這些處在「地獄邊緣」（limbo）裡的企業時，我還特別找出字典，查了一下limbo還有沒有其他含義，結果相當有趣。

這個英文單字就如你猜想的一樣，包含許多意義，但都和「除外」、「忽略」、「限制」、「不確定性」、「持續等待」和「拒絕報酬」的意思息息相關——我個人倒認為，這簡直是某些企業的貼切形容。

使公司組織掉到地獄邊緣的人不見得都是壞人，但絕對不會是什麼好人。他們的許多顧客、員工、管理者、股東，甚至於主管，通常都會因為這個經驗，而產生排外、猶疑與失望的感覺。

你或許已經猜到，這些企業實在令我失望透頂：它們有許多可用的資源，卻因為毫無責任感而浪費掉了。

······················
這些公司組織，
正受到企業壓力之苦！
······················

什麼是企業壓力？

企業壓力影響組織的方式，很類似壓力影響人類的方式。而且，會使公司產生壓力的因素，是明確且可以分辨的。

和人類一樣，優渥的生活就是一個影響公司組織的重要因素。假使體重增加、缺乏運動，還過著無憂無慮的日子，幾年下來，就會讓公司對辛勤工作和沒有盡頭的服務感到疲憊。

無法控制生活中發生的問題，正是造成人類壓力的關鍵因素。我們會感到自己受到持續增加、來自各方的力量所拉扯，最終只好以理性的方式停下來檢視生活。

我們處理一般事務的能力，也會變得無論怎麼嘗試都越來越無效和無法管理。在承受企業壓力時，公司的組織也會有類似的狀況。

當公司內部缺乏焦點、試著在衝突之下達成目標、犯錯、缺乏動機或試著一口氣做太多不同的事時，就會產生企業壓力和鴕鳥心態的情況。

任何一個在日常營運裡忽略自身健康的組織，就可能產生企業壓力。

公司很容易忽略確保未來長期健康的事。這些事情對

永續的成功而言**非常重要**，但又不像短期期限具有**高時效性**——這就是問題所在。

太成功也可能引發企業壓力，成功唾手可得時更糟！除了鐵定導致企業整體與個人感到矛盾之外，還會分散注意力。

除了缺少注意力，缺乏整體性也是造成企業壓力的主因。

只要你一停止嘗試確保組織策略——從出貨到客戶服務——以一致的方式進行，企業壓力就無法避免。

那麼，壓力過大的組織會發生什麼事呢？

⊙為什麼有些經理人總是會試著做對的事……
　　有些卻反向操作？

有一天，我正和一群生意上的朋友談話時，他們對我的言論所表現出的反應讓我相當訝異。我問他們：為什麼有些人工作時會把自身的事拋在腦後，而有些人在公司裡做的事，是他們在家裡絕對不會想碰的？

有個人站起來說，他們難以想像，有人會在工作時和在家中舉止一致。

對我而言，這可點出了一個很大的問題。

我相信，真正偉大企業成功的核心原因，第一是他們雇用人才的能力，其次是他們有辦法激勵員工去做以下的事：用對待朋友、家人和私人財產的相同態度，來對待組織內的員工和資源。

無可否認地，個人與企業認定的價值，並不一定就是成功的要素：我們都知道組織內所有參與的人員相當傑

出，然而，假使不認同成功必須依靠努力，那實在有些悲哀。

隨著在同一個工作崗位賣命的時間增加，就算是多麼傑出、專注工作上的我們，也會把工作中的過程當做虛擬實境的電玩遊戲。

> ## 當事情出錯時，我們總是可以按下
> ## 「退出」鍵重新開始！

一走到這個地步，不真實感就會超越一般常識；最好的情況只會導致偷懶的想法，最差的情況則會引起損害整個組織的反社會行為。

我當然見過大型企業集團（PLC）的管理者與管理政府部門的團隊表現得這麼失敗，但真正的輸家，卻是負責買單的股東和納稅人。

⊙為何有人有勇氣表達意見……
　有人卻一句話也不說？

當我剛畢業入社會時，真的需要時間來適應。身為社會新鮮人，又是個天真熱心的年輕經理人，一開始，我拒絕相信那些資深同事對我上司們的所作所為的批判和惡言。

我對自己說，不可能有人會做那麼糟糕的事；但可靠的消息來源卻告訴我，同事所言其來有自。「正直和榮譽到哪去了？」我對比較年長又博學的朋友這麼說。但是，

隨著時間過去我漸漸學到，「非禮勿視，非禮勿聽，非禮勿言」真的是許多資深和中階經理人的信條。

當我和一些勇於表達意見的人共事時，他們所建立起來的鼓勵大家勇敢直言的環境，竟然足以產生發現驚人的力量。

我曾經在一家擁有兩個銷售部門的公司裡工作，其中一個部門使用「你最好別這麼說」（don't you dare say that）的相處方式，另外一個則比較開放，並且能夠接受好壞消息。

因此它們在文化和績效上的差別相當大，但最明顯的不同，就是人才到底往哪裡去。

好人——也就是我們想成功時需要的人——喜歡在一個他們能誠實表達意見，而且必要時能對高層提出建言的環境中工作！

但很悲哀的是，在一些企業裡，許多人還是不太願意表達意見；而且因為愈是資深失去的可能就愈多，所以愈不會表示意見。

看著人們迴避現實，讓我頗有啟發；也讓我終於了解「守舊的成規」（etiquette of inaction）是什麼意思。在任何一個團體裡，主管和資深經理人都有絕對的指導原則來管理關係，你在加入他們的同時，也必須學到這一點。堅守這個信條，就可以避免越界。

發現「守舊成規」的意義後，我就更清楚了解企業的行為。為什麼奉行「守舊成規」的公司團體永遠無法獲得卓越成就？

答案其實很簡單。

⊙為什麼有些經理人努力學習……
有些則視新事物為洪水猛獸？

甚至到了今天，許多企業還是很討厭聽到壞消息。這要歸咎於他們的學習態度：本質上，公司團體只分為「學習」和「不學習」兩種。

不喜歡學習的組織，基本上厭惡壞消息。他們憎恨那些通報壞消息的人，恨不得把他們的頭埋在沙裡直到自己氣消。很幸運的（或者是不幸），有些人的銀行帳戶有足夠的信用額度——直到走投無路。

相反地，願意學習的組織則是愉快的工作場所，而且會吸引有才能的人。

⊙為什麼有些企業只想完成工作……
有些則沉迷於流行和想像？

為什麼有些企業成天只把「賺錢」和「重視股東報酬」掛在嘴上，卻又不停追逐每一個可以獲得名聲的方法？

你知道我指的是什麼：歐洲品質獎（European Quality Awards）、人才投資認證（Investors in People）、全面品質管理（Total Quality Management, TQM）等。

千萬不要誤會我的意思。這些東西並沒有什麼不對，問題在於態度。

壓力大的公司，追逐這些獎項就像童子軍收集臂章：變成公司的唯一目的，與公司原有的目標脫節，更把獎牌看得比企業影響更重要。

在進行全面品管時，許多公司的第一步，就是讓不怎

麼樣的中階經理當人全面品管獎項的冠軍。這種時候，公司內的所有人都會如釋重負：

「感謝上帝，至少我
不用再擔心品質了。」

這種行動的唯一影響，就是額外的支出，和所有人在審核前最後一刻的匆忙表現；這會讓大家無法專注在例行的工作，而只想確保通過審核！

這種行為很愚蠢，卻發生在各類型的組織裡，從家族企業、大型集團到政府部門，比比皆是。

有趣的是，很多我碰到的人都會這麼說：

「我完全同意你的想法，
但我的公司可沒這樣
——我們不會這麼做。」

悲哀的是，他們真的都相信！

以為自己不是並不會改變事實。這樣的事情還是一再地發生，尤其是那些一直說自己不會這麼做的公司。

⊙為什麼有些團體會一起合作⋯⋯ 有些則各自追逐夢想？

要不是親眼目睹，我絕對不會相信企業的管理團隊內

有這麼多的仇恨、爭吵和憎厭，卻終究還是得為了公司而合作。

　　沒有人可以選擇自己的家人，你也不是總是有選擇自己同事的機會，但當你接受一個團體內的工作時，你就必須為了公司而把個人仇恨放一邊。

　　你會嗎？才怪！

　　讓個人間的仇恨不斷湧現的企業，個人努力和組織資源的浪費可能都會讓你大吃一驚。

　　這些經理人的問題所在，就是他們浪費的並不是自己的錢，而是屬於股東，或者來自政府的補助。如果這是自己的錢，他們可能就不會這麼做；但我得說，即使是在我先前任職的私人企業裡，仍然有些令人匪夷所思的浪費行為。

> 但至少在私人企業裡，
> 他們浪費的是自己的錢！

⊙為什麼有些企業能在需要前就知道何時該動作……
　有些則總是猶豫不決？

　　企業的勞動力若與客戶需求協調一致，不只可以未雨綢繆、洞燭機先，還可擁有化危機為轉機的能力。對於這些企業而言，「放手」和「取得」一樣重要。

　　相反地，我就知道有一些組織，像是在車前的兔子一樣，碰到市場環境變化就恐慌至近乎癱瘓。結果是，他們寧願浪費半年時間在絕望和鬥爭上，也不願在關鍵時刻有

一番大膽作為。

　　無疑的，原地踏步和猶豫不決就是企業的禍源。

⊙為什麼有些企業能因為挑戰而繁榮……　有些卻連起碼的成功也做不到？

　　如果你先想想我們剛開始都是怎麼找工作的，就會更清楚這一點。

　　對許多人來說，他們一生的工作史，都和運氣、機緣脫不了關係：某家公司徵人時他們剛好在找工作、看到人事廣告，或者靠關係。這麼得到工作的人，在真正開始工作前大多也不了解工作和公司的性質。

　　有些人老是選到爛公司，經常被解雇，也可能在找到真正適合的工作前，已經換了好多份工作。有些人則像是中了工作的樂透頭彩一樣，第一份工作就做了一輩子──我就認識許多一進社會就找到好工作，並且在公司裡實現自己的遠大夢想，但到現在都還不敢相信自己竟然這麼好運的人。

　　以個人的觀點來看，運氣好沒什麼不對，但這些人最不想做的事，就是把自己或別人（除了那些較低階的人）推下這艘舒適的船。

　　無疑地，這就會創造自負和自滿的商業環境。當他們覺得自己不會再找到如此舒適的工作時，又哪會有驅使他們冒險或離開的動力？

　　此外，當一個員工已經有數年的經驗時，儘管心懷不滿，也還是會迴避這個議題，因為離開的成本太高又太困難。

⊙壓力會對組織績效造成何種影響？

一個有壓力的企業仍然能成功嗎？
就算是沒有其他企業那麼成功？

★

壓力的影響有多深遠？
有比損失營收還嚴重嗎？

過去幾年來的經驗，讓我相信企業的基本問題就是企業壓力。不論是何種公司，企業壓力都會影響到他們營運的各個層面。

企業壓力的一個不幸的特性，就是在組織內擴散時具有多重的影響。企業壓力剛開始會加速增長、打破所有的一致性，並使不同部門朝不同的方向行動，直到整個企業失去控制為止。而每個管理階層還都會加入更多日常產生的危機，漸漸地，大家也就開始接受起這種混亂的情況。

平衡因而消失了，原本可以簡單解決的問題突然變得困難。決策準則走樣，之前熟悉的工作方式不再有效，原本「健康」的企業開始生病。

組織內外的關係也開始分崩離析。

壓力造成的焦點和注意力分散，對所有人都有重大的影響。個人和企業的信心因此暴跌，原本營運良好的企業也將開始脫軌。員工和組織都開始向下沉淪，企業績效不佳，不但危害士氣，也影響整體表現。

所有人類身上典型的壓力症狀一一浮現：焦慮、時間不夠和無法正常運作。

然而有趣的是，企業壓力並不是因為太多良好的辛勤努力所造成，而是無法控制多頭馬車的感覺所引起。

人類建立回應真誠和專注需求的機制能力，一向都很驚人——例如一般大眾對任何國家災難的反應。如果動機正確，我們通常不會考慮要不要辛勤工作；但當我們嗅出虛偽和無能時，原有的意願就會急速降低。

造成企業壓力的原因，正是人類和企業都不能接受的矛盾和困惑。

兩種企業壓力

我在企業中曾觀察到兩種不同的企業壓力，各有不同的含義。

第一種是當組織面對即將來臨的災難時，產生的急性企業壓力；第二種是慢性企業壓力，這對企業更有害，經常發生在企業開始承認先前無法接受的情況時。

⊙急性企業壓力

急性企業壓力很容易診斷得出。不但事態很明顯，也可以在財務表現上發現錯誤。我所見到最糟糕的例子，就企業有如罹患了精神分裂症，決策準則和實際行為完全背道而馳。

我見過由兩位合夥人共同開設的公司，兩個人雖然坐得很近卻很少交談，還會命令相同的人做不同的事。

　　我也觀察過有這種問題的大型集團和政府部門，他們管理部門的方式，就好像指揮私人軍隊同時追尋不同的目標。

　　好處是，這樣的危機你很難忽略，而且有不少有效的解決辦法與課程可供選擇。我們將在之後詳細討論。

　　壞消息是，如果不馬上採取行動，企業就會走上快速失敗的道路。

⊙慢性企業壓力

　　慢性企業壓力才是企業組織真正的威脅，因為不但難以察覺，更難以解決。這個症狀，要不是源於企業核心價值腐敗，就是個人和企業行為與關係的沉淪。

　　在現今的西方社會中，慢性企業壓力已經達到傳染病的規模，而且是各種規模企業的通病，也浪費了股東和納稅人幾十億的金錢和資源。

　　在某些企業裡，慢性企業壓力的影響已經根深柢固，甚至還因此把病症對組織績效的影響視為「正常」。

　　就和所有類型的壓力一般，這會打擊「病患」的自信心。僅有少數人會認同壓力影響的規模，更少有人會願意站出來公開承認。

　　企業壓力會鼓勵組織接受平凡、隱藏弱點，並冷凍勇於建言的人。如果企業嘗試使用不同的壓力管理技巧，而不是徹底檢視最初的病因來減輕症狀，情況還會變得更加嚴重。

　　所有你曾經待過的那些令人沮喪、作風官僚、步調緩慢和志得意滿的公司，就都患有企業壓力；不過你同時要

知道，這與任何一種疾病一樣，是需要醫治而不是備受責難的。

另一個企業壓力顯而易見的特性，就是沒有人尊重能力，人人盡力批判別人。當我們見到一家成功的企業可以多快便碰上戲劇性的大衰退時，更容易看出這些跡象。

> 你有沒有問過自己，
> 為什麼公司淪為商業個案研究
> 的對象，就像世人被死神
> 找上門一樣平常？

為什麼這麼多出現在報章雜誌上的模範企業體，生意會突然在幾個月後暴跌？

這是因為，使得該公司成功的事物常常會變種為衰敗的種子。今日的成功，並不代表明日就會繼續成功。

> 發作中的企業壓力：
> 目標和領導方向不明確
> 無法做出最棒的決策
> 行動和溝通失去焦點
> 浪費時間、金錢和機會
> 士氣、關係與結果受到損害
> 才能和價值流失

　　就算只由一個人來領導，如果沒有清楚定義的目標，就不會有明確的領導方向。而當領導決策是來自於一個團體而非個人時，明確傳達決策的機會就愈見渺小。

　　人們之所以無法做出正確的決定是因為：沒有明確的領導，就不會有大家都同意的決策準則。

　　這是我在幫助企業組織時最常遇見的狀況，他們通常會要我做出連所羅門王都沒辦法的判決。沒有一致目標就不會有對錯，卻無法阻止人們嘗試。

　　運氣很不好的時候，我得在會議室裡坐上一整天，聽人一個接一個的陳述對未來願景的意見。每個人的意見都是達到某項目標的有效方法；但問題是，大家的「目標」根本不一致。既然沒有共同的目標，再多的討論也絕對不會有滿意的結論！

　　這聽起來很荒唐，卻一天到晚發生在你我身旁；例如在地區機關裡，這可是最受歡迎的營運方式。原本鼓勵民主和增加寬容環境的美意，變種成一個辯論的環境──每個人都有發言權，卻沒人想負責領導。

　　因此，行動和溝通不只失敗，還造成一團混亂。一個組織在沒有明確的焦點時，怎麼可能保持專注？

　　當一個組織隔絕了商業需求的殘酷現實時（許多公營企業都如此），不同的部門就可以追求個別的議程──不只是「可以」，而是難以避免。

　　許多大型組織中的多層管理方式，對解決這個情況也沒有助益。當人們不是獲得第一手，而只是第二手和第三手的指示時，問題就可能加倍嚴重。傳話遊戲可能會把喜劇傳成鬧劇。

第一流的內部溝通是例外，
不是規範。第一次和企業合作時，
我常發現，他們只投入10-20%
必須進行有效內部溝通的
時間、精力和資源。

對一些企業而言，適當將焦點延伸到市場是更大的挑戰；有些企業甚至直到今天都還不自己來，反倒依賴人造的假象。

這樣下去，就難免浪費時間和金錢，以及喪失機會。這不是因為有人表現不好，而是因為他們還沒準備好。就像是派一群只有八小時飛行經驗的菜鳥飛行員參與不列顛之役（Battle of Britain）：你最好先對傷亡人數有點心理準備。

以往或許困難，但現在一定可以避免。只不過是缺乏練習罷了。

這也難怪，士氣、關係和結果會受害。穩固的關係需要一致性，而在一團混亂下，企業是不會有一致性的。誰想替一家病徵明顯的公司工作？如果一個組織很明顯的自我意識低落，員工可不會感到驕傲；更何況，企業自信的危機很快就會移轉到個人身上，造成效率大大降低。這樣的惡性循環你想躲也躲不掉。

投資者的利潤會跟著降低，但對企業危害最烈的，是優秀人才開始流失。好的人才不怕沒出路，但自我意識低

和習於自己弱點的人，會比小學生的頭蝨還要難移除。

當企業壓力蔓延至整個組織時，領導團隊就會被迫作出下列選擇：

- 認同並接受企業壓力的存在，進行快速且適當的回應；
- 無法回應挑戰，因而習慣企業壓力的存在。

> 一旦習慣了企業壓力，
> 就會變成鴕鳥心態。

你可能會問：這種情況到底有多普遍？在一個競爭的環境裡，這會弱化一個企業直到失敗和被取代嗎？

也許不會。許多有鴕鳥心態的組織，垮台前都還能營運很久。

以下是這些組織的例子：

- 經營方式雖不具競爭力，但資金來自於補助金；
- 使用先前累積的優勢，直到問題出現；
- 暫時或永久免於競爭；
- 對手處於同樣的狀態——就如老舊的公共事業一樣糟糕；
- 關係由規則和規範管理，或受到沒有其他東西可替代的單一選擇的保護；
- 從相似的企業雇用新的經理人和員工，所以新來的人不會唱衰公司；

- 由來自相似工作文化的管理者檢視和評估，因為他們會接受這樣的效率和領導作風；
- 擁有過分強勢的投資者和管理者，因為他們都有更重要的事要處理，所以不擔心這些「小」問題。

鴕鳥心態的結局，我們都已司空見慣：有太多的組織染上這種惡習，也有太多的組織沒有足夠的動機來解決這個問題。

鴕鳥心態效應

圖2.1顯示鴕鳥心態所造成的影響：為什麼只要失去些許的關注，就可能會大大損失報酬和效率。

縱軸表示困惑和爭論的百分比，橫軸則是表示與決策的距離。

下方則是：有力的領導、同意的目的、有動機的員工、滿意的顧客、最大的股東價值和持續的成功。

上方我們可以見到分心（或分散）的領導，會在經理人之間產生不信任（和理想破滅）、浪費精力（員工士氣低落）、失去商機、最終失去投資者的價值（和弱化組織關係），終於造成讓企業習以為常的鴕鳥心態。

圖中的百分比並不是經過詳細的科學計算，卻具有指標性意義。這是根據我在不同組織中工作的經驗，以及組

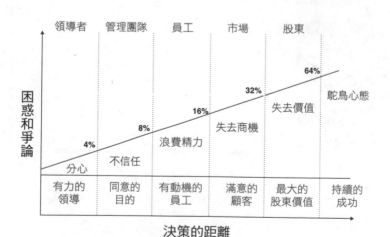

圖2.1　當企業壓力轉變成鴕鳥心態時，會發生什麼事？

第 2 章

還在做
鴕鳥的企業

早期發現的重要性

織所呈現的事實而畫出來的。

　　+60%是代表組織處於鴕鳥心態時可能損失的預估值，這可不是我個人的看法，而是根據一些我詢問過的財務經理人，**他們自己的**公司在沒有處理鴕鳥心態的情況之下，隨後所遭受的損失值。當然了，他們也不願提供姓名！

失去4%的專注，就等於
失去高於64%的生產力
和股東價值。因此要了解
為什麼鴕鳥心態是世界上
最毒害商業的禁忌，
看來一點也不難！

你可能會覺得這些數值太高了，但請記住兩件事：

* 在商業情境中，競爭者可能也在同一艘船上，所以同樣的居於劣勢；
* 在公營組織中，預期的生產力常常是根據前一年的數據而定——也就是當鴕鳥心態可能已經存在時——或是以相似的企業為基準，而該企業的鴕鳥心態程度，也許已經達到令人習以為常的標準。

　　鴕鳥心態的形成很簡單，因此很容易被視為「正常」和「常態」。

　　只要看看歐盟，你們就可以見到活生生、血淋淋的例子。在這樣的環境裡，各式各樣的浪費，都被視為維持民

主的合理消費。

> 但這並不正確，
> 更不可以繼續接受！

鴕鳥心態的症狀

先前我已經稍微提及這些症狀了，但如果你懷疑自己的企業是否真的有企業壓力或鴕鳥心態，以下提供你一張簡單的檢查表。

如果你發現企業符合超過兩個以上的特徵，就是開始採取改革行動的時候了！

為了幫助各位，我把這張清單一分為二。第一張列出鴕鳥心態的一般特徵，第二部分則描述一些已經病入膏肓的徵兆。

⊙主要症狀

失去目標

這是鴕鳥心態最明顯的傷害。如果你的企業完全忘了既定的方向，只知道埋頭前進，那麼就要小心了。

一家企業無法以乾脆爽快或明確區別競爭者的方法來清楚表達核心目標，實在是很不可思議的事。當你碰到可以清楚表達核心目標的公司時，你會發現，它們之間的差異很明顯。

無意義的企業價值

典型的症狀，就是以冗長的方式，來發展對所有人而言（除了親身參與發展的人）都沒意義的企業價值慾望。這個症狀在大型企業中相當常見，很浪費時間不說，也會對公司造成傷害。這種試圖掩飾重大問題的態度，會讓員工感到毫無效率並失去希望。

無法專注

不只在大型企業中，甚至連兒童身上都很常見。有些企業不但會失去專注的目標，也會失去專注的能力。

一旦失去此一能力，就沒辦法回頭了──缺乏一致性的解決方法，就是造成鴕鳥心態的根本原因。

管理混亂

常常埋怨管理的品質，卻用招募新員工或訓練老員工的方式來處理；這會使問題更加嚴重。

如果一個組織缺乏領導力，或領導者溝通能力不佳，管理的混亂就會馬上出現。不論再多次的重新招募或管理訓練，都不會因此脫離苦海。只要領導力無法提升，新的管理者還是會遭遇和先前一樣的問題。

在移除管理者疑惑的眼裡的灰塵前，先得除去領導者眼中的木頭。

混亂的溝通

通常一家企業只有在無法有效連結市場定位時，才會注意到這個問題。

它們對銷售額滑落的第一個反應，大多是尋求新定位和進行新的廣告企劃。重新定位品牌所費不貲，但總比嚴酷且誠實的檢查核心關係來得容易。

這種時刻，不習慣誠實溝通的企業，如果認為還有錢可賺，就會願意花大把銀子改造；只不過，內部出問題的組織想靠換臉重生，就好比在裂痕上貼壁紙一樣無效。

第一次接觸新客戶時，通常我就能發現他們的溝通有多混亂。我與我的同事柏特和蓋伊，都曾在許多希望加強溝通的公司裡工作過——從教育機構、小型企業到跨國集團。

如果我們能夠說服客戶，他們必須擁有明確、取得共識的核心目標，以及使用可驗證和可預期的客戶利益來支援市場定位，就有辦法創造奇蹟。只要我們能讓他們在市場上的作為言行一致，那就對了。

我們還必須說服客戶，不只是表面上改善溝通和換個標誌就可解決問題——而比較像是一場馬拉松賽跑。他們的第一個反應，通常都是「你把小事放大了」。

許多客戶偏好簡單、沒有衝突性的解決方法，希望馬上挑戰問題和需要，而不是改變想法和作為。

只有在我們提出明確證據後，部分客戶才願意做出較艱難的決定，尤其是如果這包括了同事或——更讓他們無法招架的——老闆的同意和支持。

受限的能力

組織和員工一樣痛苦，再也沒有別的事，會比一位有才能和忠心的管理者無故被冷落還糟糕。

這不但會快速失去獲利的機會，也會同時失去最有才能的員工。

在過去，大型企業中普遍的問題，就是人員的能力受限；員工唯一獲得晉升的方法，就是等待前人的離職。但是，目前社會上有太多的職業機會和選擇，因此如果你不能趕快善用好員工的才能，他們就會走人。

痛苦的浪費

好幾年來，習於無端浪費資源的大企業，可說是小型企業的救世主，因為這是它們唯一在財力遠遠不如下，還能和大企業競爭的優勢。

改善行政流程和物流管理的概念日漸普及，傳統的浪費如今已不常見——但由於鴕鳥心態，浪費始終還是個大問題。不論你改善了多少行政效率，只要所做的事還是錯的，那麼，你只不過是幫助公司做更好、更快和更便宜的錯事！

管理階層職位的快速變換，代表了每十項新開始的行動，只有兩三個能在管理改善和嘗試新方法前達到成效。

折損的士氣

對遭受威脅和受到當代管理觀念損害的企業來說，士氣是最重要的無形資產。

契約接案、在家工作和虛擬辦公室等概念，就是為了減少固定成本而誕生的，這並不是什麼大問題；但我們必須了解的是，現今的管理方式所帶來的無形成本。

雖然這些新點子都能帶給員工不少生活形態上的優

惠，但其實每個人在雇員和雇主間的關係上，都扮演著重要橋梁的角色。因此，在這些概念的影響下，重要的關係會受到危害，更一步步的朝向單純「以勞力換取金錢」的模式。

如果這些距離感讓員工對領導團隊貪婪、唯利是圖或迷失的感覺加深，未來原本要提供組織和客戶的附加價值興趣就會喪失，指出潛在危險或機會的意願也將會隨風而逝。在詳加考慮現在的自由狀態後，他們會覺得，當公司出現危機時「棄船」或跳槽到其他公司比較容易。

鴕鳥心態又多了一個受害者。

守舊

我見過好些讓你無法置信的守舊作法，比如大公司已經有了即將確定或甚至已經決定的組織再造計畫，卻不打算實際進行。

這種案例，多到足以讓你驚訝不已！

至於不斷進行改造的企業，我見到的情況往往只是變得更糟，而不是更好。

企業冷感

你有沒有見過垂頭喪氣、失去活力的企業？

看起來，它們就跟公司即將關門一樣可悲。

一踏進他們的辦公室後，你就會知道是怎麼一回事。每個人看起來都很疲憊，就連辦公室也死氣沉沉；咖啡機

旁的告示牌上，可能就貼著一張十二年車齡的日產二手車廣告，但旁邊卻有一張更大的告示，上頭寫著：「人事經理布朗下令，未經核准的佈告不准張貼。」

員工走路的速度變得緩慢，就連去廁所小解的「旅程」都像享受。公司內最有活力的象徵，就是一群癮君子在逃生梯旁抽菸——無論刮風或下雨，討論的都是誰會是下一個離職的人。

客戶服務降到最低點，唯一需要雇用人手的部門就是「客戶抱怨服務處」。

在這種情形之下，每一件事都有問題，不論有什麼想法，降低開銷成本一定比成長重要；很不幸的是，提出建議的人還會被看做討厭鬼。

在一個鴕鳥心態的企業裡工作，是數以千萬計人每天的真實生活。

受損的關係

在鴕鳥企業裡，任何人都很難感到受重視；企業組織顯見的不一致性和徹底矛盾，也會危害內外的關係。

大家的記憶力都很好，傳播壞消息的能力更是驚人。所謂「壞事傳千里」，患有鴕鳥心態疾病的公司，名聲都會不斷往下掉。

想要和鴕鳥企業維持良好關係，就和跟患有毒癮的人當室友一樣；不但無法預測，而且會把你榨乾。

⊙進階症狀

如果你有以下任何一個症狀，就應該開始害怕了——

而且是要很害怕！

管理階層重新洗牌

這可是致命的徵兆！如果你們每十八個月內就會改組一次，就是非常嚴重的鴕鳥心態。

在極少數的情形下，組織有可能真的需要改組。但這樣的情況真的很少，而且，改組所帶來的分裂，是任何精神正常的企業組織都承受不起的。

最糟糕的是，這會讓搞砸上一個企業、而且由別人擦屁股的熟面孔，有機會再搞砸一次你的公司。當每個人都只不過是像玩大風吹一樣的更換職位時，就沒有理由責備任何人。

擔憂

當你身邊的人都一一陣亡或倒下時，你不能不擔憂。除了擔憂，恐怕也沒有什麼事更能分散注意力。

處於鴕鳥心態的企業，讓員工擔憂的範圍可說是無遠弗屆；比起公司真正的弱點，有太多事都會讓你擔憂。例如：

- 保住飯碗的可能性
- 企業機密
- 可惡的客戶
- 政府政策變更
- 風險規避
- 公司用車政策

- 警衛的制服
- 飲水機
- 停車位

這些大事、小事中，有哪幾項總令你掛記在心？

反省

在鴕鳥心態的路途上，緊跟在擔憂後面的就是反省。
如果做什麼都沒效，那就只好從自身尋求解答。

偏執

沒錯，他們或許會提防你；除了鴕鳥心態的習性外，在一個存有鴕鳥心態的企業裡，不論什麼東西看起來都像是威脅！

那些有很多事情需要隱瞞的人，通常也就是最害怕別人，和相信所有人也和他一樣的人；對一個近乎偏執的企業而言，這種反應一點也不奇怪。

以下是一句名言：

> 親近你的朋友，
> 但更要親近你的敵人。

可是存有鴕鳥心態的企業卻相信：

> 遠離所有人，

尤其是你的朋友。

··

妄想

反省、擔憂和偏執的好兄弟，就是妄想。鴕鳥心態的最後一個避難所，就是相信你想要相信的事都會成真（雖然你可能還沾不上邊！）的能力。

這可不一定只是個短暫的現象：深陷於鴕鳥心態的企業，妄想症可能會永遠存在。

癱瘓

以下，是鴕鳥組織的兩年大事紀：

1. 距零點前六個月：對新組織成長的期待開始蔓延，多數的資深經理都想為自己未來的前途卡位。

2. 距零點前三個月：新組織就要籌備好了，沒人敢有任何大動作，以免在新結構的法則下受指責。

3. 距零點前一個月：所有的資深經理都想申請新職位，好讓去年浪費時間的錯誤，可以推到另一個可憐的無辜受害者身上。

4. 零點：已經計畫好的重新改組延後兩個月，以符合不願妥協的經理人的希望；這些人哪兒都不想去，甚至連誘人的內部事務副總裁（VP Inernal Affair）職位都沒興趣。

5. 零點後兩個月：由於執行長要進行全球巡迴拜訪，之後又要休假，所以改組再度延遲。

6. 零點後四個月：控股公司所發出的歐洲整合計畫，再

度讓所有分公司的改組計畫延遲。

7. 零點後十個月：終於，管理顧問建議應進行現有的計
畫，並暫停快要完成的歐洲整合複審。

8. 零點後十二個月：準備正式宣布計畫。

9. 零點後十二個半月：接到惡意購併的消息，所有決策
都取消！

10. 零點後十八個月：資深經理期待極優渥的收購條件，
而且打算退休。

……這些情況你都很眼熟嗎？

獨占的行為

不論什麼理由，獨占的行為都會導致鴕鳥心態。

不論哪一種行業，對企業的長期健康而言，競爭都是
最基本的元素。就像獅子必須把斑馬當做食物，沒有了競
爭，企業要成功便是天方夜譚。

人格分裂

鴕鳥心態的基本病徵就是人格分裂，因為除了部門和
經理人在財務上共享利益的事實，沒有其他事物可以保持
人格完整。

許多不願面對病症的企業，已經到了視人格分裂為正
常的程度，甚至連正眼都懶得瞧一下。對於投資者、管理
者、員工、客戶和社會而言，企業的完整性代表的是一個
共同陣線，但是這樣的觀念，如今卻常被嘲弄為荒謬的想
法。

關係飢渴

當事情真的變得很糟時，企業就會有嚴重缺乏關係的感受。就好比外交官被召回，原本需要合作的公司間出現了公開的敵意，便是鴕鳥心態的關鍵徵兆。敵意代表了正常關係的完全破滅，不馬上處理會造成更進一步的傷害。關係的嚴重缺乏，會殘害一家公司。

屍體僵硬

好吧，我知道這太誇張了，但這樣工作的組織，實在很像僵硬的屍體！

企業到底怎麼染上鴕鳥心態的？

最重要的是，其實鴕鳥心態是偽裝的專家。鴕鳥心態可不會大張旗鼓地通知你它的到來，它會粉飾太平，讓你無法察覺問題的存在。

和任何一種沉迷的類型很像——無論是毒品、酒精或其他東西，鴕鳥心態會導致一些非常病態的習慣，急切到讓你不易察覺。

但也很重要的一點是，要記得鴕鳥心態其來有自。鴕鳥心態（或說企業壓力）的種子有很長的潛伏期，其間症狀不明顯，卻很容易傳染。

另外我們也不能忘記，鴕鳥公司都有愛玩「大風吹」的偏好。如果一發現問題就掉換所有人的職位，只會讓事情更嚴重。

一家有鴕鳥心態的公司，最在行的就是讓事情每況愈

下。就拿他們的獎賞計畫來當例子吧：這一類的計畫很多──但不是鼓勵經理人更努力且嘗試新點子──事實上卻有違創新，因為得獎的經理人只會避免犯錯和得罪人。

移除舊思維管理的活動，通常會演變成軟弱和冷漠的管理藉口；成天只會說「是的，長官」和「不是的，長官」的小團體，會受到比那些勇於嘗試改變的人更多的關愛。

另外一個讓鴕鳥心態擴散的重大因素，就是企業組織限制績效的方式。很多公司都只想比競爭者好，而不是成為最好的公司。

一旦我們沉溺於比其他鴕鳥公司更成功的喜樂，我們就有麻煩了，並且還會快速地傾向遷就低水平市場。

高效能的逆思考總是：

最糟的人是輸家！

我們可也不能忽略鴕鳥企業的外圍公司所受的苦，說起來，他們的痛苦和位於中心的公司不分上下。

許多身居企業中心和肩負領導責任的人士，雖然遲早都會發覺這樣的狀況，卻感到很棘手。

他們認為，和鴕鳥心態沾上邊就好比人格上有汙點，因此非常不願意承認。鴕鳥心態不但會傷害公司，還會打擊員工的自尊。

有些重要的主管會相信，組織的問題是他們的錯，而且最後會完全怪罪到自己頭上。然而這並沒有幫助，因為這只會讓他們更不想冒險，或不願承認眼前的問題；因為

他們相信，不管怎麼做都只會加速別人見到他們「騙子」的面目，而且還會讓他們因此垮台。

再也沒有什麼組織術語，會比
「鴕鳥心態受難者的孤獨」
更令人觸目驚心。

企業中的小圈圈

當企業開始人格分裂，員工就會組成自己的小天地。我曾經在一家有如眾議院的公司裡工作：我們有首相、反對黨領袖、一個又小又無用的內閣、一些受到邊緣化又立志捲土重來的板凳議員，以及一些文書官僚。

這不是經營一家公司的最好方法，卻很常見。我曾經在不少小型企業裡工作過，最主要的兩位領導者（雖然他們可能面對而坐）之間總是沒有任何有意義的溝通；這種情況，常見到令人恐慌。

許多鴕鳥企業對這類領導的一般反應，就是建立「企業小圈圈」，員工會在缺乏領導時集合起來，建立非正式但表現強烈的防禦團體。

這些企業小圈圈會成為內部溝通的管道，而員工的忠誠度也會從企業轉移至小圈圈。所有的社交活動和工作接觸，最後都只會存在於小圈圈的成員間。

企業小圈圈對所有關心公司的人都有驚人的影響力，長此以往，就會支配整個企業文化和工作效率。

被動的鴕鳥心態：無辜的受害者

鴕鳥心態必須支付的成本範圍，遠高於組織本身。除了員工，投資者和顧客也都是受害者。

歡迎來到這一屆的「被動鴕鳥心態」頒獎典禮。本屆的無辜受害者有：

- 投資者：失去合作和提供組織意見的機會——當然也包括金錢上的損失，畢竟減少和浪費的，都是他們的錢；
- 員工：失去滿足感和發展性；
- 顧客：失去選擇、價值和享受。

顧客服務？別開玩笑了！

支援系統同樣鴕鳥

然而，問題並不會就此打住。

繼續在傷口上灑鹽的是，我們尋求破除鴕鳥心態的地方，其實就是養成鴕鳥心態的溫床。

政府、專業服務公司、顧問公司和學術界……，都是很適合鴕鳥心態成長的場所，而且就跟家庭一樣溫暖。

一個深受鴕鳥心態危害的公司，又怎麼幫助同樣受害的我們？

他們尋求的解決方案，是症狀而不是病源——這在長期來看，會讓鴕鳥心態有更從容根深柢固的時間；而且，也無法成為我們亟需用來對抗和處理自身問題的幫手。

在利用人事網路和所有客戶建立良好關係的方法上，許多專業服務公司都很失敗。這不但會讓他們的生意停滯不前，也會限制他們提升客戶價值的能力。

一般來說，專業服務機構都不善於建立關係。顧問總因為感到關係「過度情感化」而縮手，因此，很難對公司的成長有夠多的幫助。

在很多的這種公司裡，連週五穿輕便服裝上班都像冒險，只有喝個爛醉才是唯一被允許流露情感的藉口。

這些公司大多善於處理事實和理智，而不是情感，所以他們不太會鼓勵客戶思考企業關係，更不會提出與管理企業情感相關的議題。

有些人的看法可能更強烈，甚至認為大多數專業服務公司都不能處理情感問題，因此完全無法在組織關係上提供建言。

洞悉鴕鳥心態的本質

一旦以全球角度思考鴕鳥心態，問題的範圍就會廣泛到令人氣餒。

- 全球GDP因此損失了多少個百分比？
- 投資者每年損失幾十億美元？
- 員工和顧客的個人成本有多高？
- 鴕鳥心態減緩了多少全球進步的速度？

如果鴕鳥心態引起全球的關注，我們就有足夠的理由相信，有些地區比其他地區更容易受侵害；尤其是西方國

家，歷史上的成就使它們受到更大的威脅。

充斥法律和金融解決方案的富饒美國，就一直潛藏著危機。美國人習於自我主義和對其他非美國事物抱持存疑的態度，使他們非常容易受到鴕鳥心態的傷害。

然而美國也有優勢，無論如何，他們的顧客文化深植每個角落。

偏好官僚主義的歐洲也很需要關注。歐洲已深陷鴕鳥心態，很難讓我們對未來感到樂觀。我們但願，歐洲能夠進入一個長期的創新階段，而且商業利益信念能夠打敗政治鬥爭。

亞太地區看起來就比較健康。從日本、中國到印度，亞洲人一直都有來自家庭、個人榮譽和為大我犧牲奉獻的信仰基礎和工作倫理。注重關係和相互尊重的價值觀，將會幫助這個區域預防鴕鳥心態的擴散，並增加他們對西方的競爭力。

鴕鳥心態並不只是非黑即白那樣簡單，因為我們都擁有自由意志，以及到底要對抗或投降的能力。

無疑的是，西方有場硬仗要打，而鴕鳥心態就是他們眼前的敵人。

打敗鴕鳥心態

鴕鳥心態一開始只會慢慢加溫，但一如你我所見，後來卻可能大爆發。

早期診斷很重要：我們不太可能早早就認清並回應症狀，但你也不必是執行長或總經理才能解決這個問題。

　　不論你是經理、非行政人員、投資者、員工或領導團隊的一員，任何有影響力、決心和膽識的人，都可以發動反擊。我們都擁有同樣的責任和機會，來採取正確的行動。

⊙這為什麼很重要？

　　以所有我先前說明過的理由來看，反擊當然很重要。但是讓鴕鳥心態成為全球最危害的禁忌的原因，不只是每年全球損失幾十億美元，而是我們每個人都輸給了鴕鳥心態。

　　本質上，鴕鳥心態會摧毀企業的效率和關係；所以，為了對抗鴕鳥心態，我們必須先了解讓組織失去效率的原因。

第 3 章

認識效率

是什麼讓企業運作的？

尋求有效的人力資源

我相信世界上沒有解決鴕鳥心態的特效藥,我們只能一個接著一個的解決造成這個問題的原因。

為了有所進展,我們必須先回到原點。在我們尚未能認清有效人力資源的基本原則之前,別想帶領企業走向成功。

說到工作人員的基本效能,就一定得提起史蒂芬‧柯維(Stephen R. Covey)的書《與成功有約》(*The Seven Habits of Highly Effective People*)。

這本書在全球熱銷千萬冊,儼然已成為改變效能和達到「樂在工作」更高程度的標準教科書。

史蒂芬‧柯維探討了我們觀看世界的方式,以及我們的所作所為對這個世界造成的影響。他同時研究了我們的核心信仰影響每日效能的因素,以及達成生活目標的可能性。

在該書的一開始,他就把我們觀看世界的方式形容為**社會典範**(social paradigm)。引用史蒂芬的文章,他把社會典範形容為:

> 我們觀看世界的方式——不是就視覺而言,而是以理解、了解、詮釋……(以及)我們態度及行為的來源。捨此,我們就無法展現真誠的一面。

我覺得,社會典範就是我們觀看世界的「鏡頭」,那決定了我們觀看/詮釋生活中所有事物的方法,決定了我們的形象與我們對他人和周遭環境的印象。事實上,社會

典範讓我們建立與身旁所有事物的關係。

我們的社會典範不會一成不變，當我們經歷不同事情時，社會典範就會自然演化。只要願意，我們都可以經由教育、訓練和接觸新想法來改變社會典範。

無論我們用哪一種社會典範來定義見聞，多數人都會認為自己完全客觀。只不過，認定自己客觀其實就相當主觀；我們看待生活的角度，實際上已塑造了我們看待事實的方式。

各自不同的經驗，讓我們用不同的觀點看待事物，這也是為什麼人們雖然總用不同觀點看待相同的「事實」，卻可能擁有相同結論的原因。

這也表示，當我們的社會典範隨著新體驗而進化時，對事實的觀點也會跟著改變。

⊙連結社會典範和我們的性格

如果社會典範對我們的發展、成長和成功很重要，那麼，它又如何貼近我們所熟悉的個人特質和性格？

- 社會典範：詮釋並評斷人們行動和互動的一組原則。
- 特質：決定個人行為和態度的基本內涵與價值。
- 性格：經由行為、態度、情緒反應、關係與興趣，表達個人特質和原則。

這三點全部加起來，便代表了我們成長中獲得或採用的社會典範，也就是詮釋和評斷「作為與互動」的模型，先是決定了我們的基本特質，然後這個特質又決定了我們的行為、態度、情感反應、關係與興趣；最後，再經由性

格來表達這些面向。

什麼是最有效的社會典範？

在探討社會典範機制，以及該機制如何形成我們的特質和性格後，史蒂芬‧柯維做出更進一步的結論。

根據他自身的經驗，以及參考過去兩百年來有關個人效能的書籍後，他歸納出兩個和達到個人效能相關的特定社會典範。

他特別強調這兩項關鍵的社會典範：**品性倫理**（Character Ethic）和**人格倫理**（Personality Ethic）。

⊙品性倫理

史蒂芬‧柯維所形容的品性倫理，是從1770至1920這一百五十年來，關於人力效能的書籍得來的。有品性倫理的人相信，人的效能是根據原則和自然法則來管理的。

史蒂芬這麼形容這個信念：

> 對於人類而言，自然法則是真實、不變也不容爭論的。就好比重力與實體的大小息息相關。

事實上，這就是人類道德的基本原則。而且幾乎世界上所有偉大的宗教和歷史中所有偉大的文明，也都根據這個基本原則而建立──當然也包括那些成功達到和諧、穩定的事物。

一個人只有把這些原則容納至自己的基本性格，才是**唯一能夠**達到個人效能和長久快樂之道；品性倫理，就是

根據這個事實來決定。

⊙人格倫理

　　史蒂芬・柯維認定的第二個社會典範是人格倫理。他發現自1920年起,文學界就特別注重人力的效能。他也發現,自那時候起,世界上出現了相當多關於個人提升的作品。

> 如果品性倫理是以原則為基礎,
> 並且專注在個人本身;
> 那麼人格倫理就是以實踐為
> 基礎,並專注在你的作為上。

　　人格倫理將個人效能視為一種可以展現個性和公共形象的功能。它著重技巧和方法,運用權力策略來支配他人,並交替使用強制、脅迫、操控和影響的手段以取得所需。

　　它教導你可以在不用了解或採用他人觀點的情況下,試著觀察並複製那些有效率的行為。此外,更建議你學習並模仿有效的做事方法、「良好的態度」和禮節,以掩飾原有的性格。

　　以積極的心理態度替代基本信仰,人格倫理就是保證具有「快速成效」的捷徑。

⊙個人效能的秘訣

史蒂芬・柯維的觀點非常明確：人格倫理相當虛假。他相信人格倫理在文學中的優勢地位，為二十世紀末期提供了如何成功的準則；但對西方社會來說，這其實是一種退步，因此造成了許多痛苦和失望。

> 通往高效率的道路，
> 是又直又窄的。

我們只有完全依照品性倫理中強調的原則，才能擁有高效率，並成功追求合宜的目標。

那麼，企業和個人很不一樣嗎？

為什麼有效率的人不一定能經營成功的企業？又為什麼成功的企業不見得都由有效率的人來經營？

我們都見過一些由不是很有效率的人所經營的成功企業；當然也見過一些人做事很有效率，卻經營著不怎麼樣、效率普普、並有著不少鴕鳥心態症狀的公司。

到底哪裡出了錯？

答案不在於管理個人效能的法則，而是仔細檢視有效率人員和企業間的相似和不同處。

我們要從何開始呢？

我們所知道的有效率人士：

- 都有一個控制所有決策的基地——他們的大腦；
- 他們都利用大腦中樞協調思考和行為，並能讓嘴、手、腳和任何一個部位（嗯……幾乎所有部位）能在他們想要有作為的時候立刻行動；
- 僅有一位發言人；
- 僅由單一社會典範驅使——品性倫理。

而組織則是：

- 具有多重決策點，並使用多重決策準則；
- 無法集中控制營運的所有面向；
- 只能勉強從中心傳送「我還沒有崩潰」的訊息，卻經常無法從組織邊緣單位接受訊息；
- 在多重矛盾的影響下運作；
- 在沒有定義和未經衡量的激勵下，可能經由企業價值來試著影響個人的行為；除了建立該價值的團隊成員外，對任何人都無法產生關連或意義；
- 在沒有決心的情況下，不太可能以一致的態度管理關係；
- 可能擁有一個對其他人的動機、信仰、個人社會典範和企業文化想法有敵意的領導團隊。

> 這讓我們很容易了解，
> 為什麼有那麼多企業
> 都難以發揮完整的潛力！

組織效能的運作模型

　　根據這些差異，如果用於解釋人類行為的模型無法用來解釋組織，很明顯的就需要一定程度的調整。

　　我們可使用和原有模型相似、但內容不同的格式（請參閱**表3.1**）。

表3.1

個人	組織
社會典範	工作文化
品性	企業價值
人格	企業識別

　　個人模型定義了社會典範、品性和人格間的關聯，新組織模型則定義了企業工作文化、企業價值和企業識別間的關聯。

　　以下，就讓我們深入探討一番。

⊙工作文化

　　就好比社會典範塑造品性、人格、行為舉止和個人態度，工作文化則是企業形成價值、識別、行為和關係的方式。

　　工作文化讓企業能夠詮釋所見到和遇到的所有事情，包括企業的自我形象和品牌定位，以及對員工、客戶、競爭者和所處社會環境的態度。

工作文化怎麼運作？又和社會典範有何不同？

- 工作文化很像社會典範，卻包含了對多重輸入和輸出的控制。
- 僅適用於組織的特定目標。
- 控制企業整體和任何代表企業人士的行為。

在理想的世界裡，所有企業都擁有單一的工作文化，而個人也都是由單一的社會典範所控制。

只不過，由於組織沒有建立單一工作文化的內建自然機制，因此，這個重責大任就落在所有企業領導人的肩膀上。

建立單一的工作文化方式有很多種，但如果領導團隊無法建立單一的工作文化，就會產生分裂文化。

分裂或是多重的工作文化，會大大影響組織的共同焦點、傷害組織效能，並局限維持一致關係的能力，進而成為鴕鳥心態的溫床。

均衡使用工作文化及個人社會典範

在組織中工作的個人有兩個角色：組織的代表，以及他自己。這也表示他們必須在代表組織時使用工作文化，代表自己時改用社會典範。

無論工作文化為何，個人都可自由使用社會典範來處理私人關係。

這代表工作文化可應用在：

- 所有組織關係

- 所有組織決策
- 建立並實行企業策略
- 每日營運
- 檢視績效
- 檢視個人
- 所有的客戶聯繫

社會典範則只適用於個人關係。

任何一種私人關係，都會經由一般的社會典範來管理。有效率的人會使用品性倫理，較無效率的人則會使用身邊的任何一種社會典範。

這就是為什麼，人們會使用組織的工作文化來做出棘手和冷靜的商業決定；儘管前一分鐘他們可能還在使用與組織工作文化不同的社會典範，來管理個人關係的網絡。

以我們自身的社會典範來平衡普遍的工作文化，有時可能很困難。我們可能會想要：

- 壓抑自己的性格，以適應企業的工作文化；或
- 藉著工作環境中不真實和短暫的優勢，去做一些我們在自我社會典範控制下沒辦法做，或是連作夢都想不到的事。

不管企業領導者是為了某些原因無法建立單一的工作文化，或者感覺到企業所建立的工作文化牴觸自身的社會典範，一旦走到這一步，要保護自我尊嚴和完整性，就必須小心替未來打算。

⊙企業價值

企業價值是企業工作文化的表現。

在不了解企業重視的工作文化的情形下，就嘗試發展企業價值，就好比去看車展，花了兩天的時間和銷售法拉利、勞斯萊斯的業務人員討論細節，卻根本不知道自己是否買得起或養得起是一樣的道理！

這根本一點意義也沒有——卻沒能阻止上千家最終必定失望的公司這麼做。

要有效地實現企業價值，就必須建立一個經過整合的工作文化，而不是在企業裡東拼西湊、組合而成的文化。

建立在這些雜亂文化上的價值，是無法取信並滿足任何人的。

⊙企業識別

企業識別就像是一個人的性格。企業價值決定企業識別的方式，就好比人格特質決定性格。

如果企業識別並非建立在仔細規畫和與文化相關的價值上，根據查爾斯王子（Prince Charles）的說法，就是企業生活的一顆面瘡——遮掩不了的恥辱。

更糟的是，一般人對於企業識別的見解，還局限於企業的公共形象，比如品牌和商標。

事實上，企業識別不只這兩樣。以下的這一切，都是企業工作文化和價值的完整呈現：員工行為、企業政策、關係、溝通、廣告、建築物，以及視覺上的品牌和商標。最後兩項元素，的確是企業識別的最終呈現——就好比蛋

糕上的糖衣——卻不代表全部。

當British Telecom（英國電信公司）決定更名為BT時，在第一線直接和客戶溝通的2,500位銷售和服務人員對新品牌的作用並不大。

如果你指的是重漆標誌、更換員工制服，以及在BT Tower豎立新標誌，這一點也不困難。確保企業的變革能確實反映在代表BT的2,500名員工上，才是一件浩大的工程。

這樣的錯誤，卻不斷出現在各類規模的企業中，反映出商業界對「裝點門面方案」的成見。

> 標誌很容易吸引目光，
> 改變文化才是件苦差事。

組織愈大，這個問題就愈嚴重；這種不充分和不精密的企業識別處理方式，會讓大型組織處於無法向客戶呈現一致外貌的風險之中。

成功的秘密

相對績效的理論

成功的光譜

對每一家企業來說，成功的意義都一樣嗎？

所有的工作文化都一樣，還是只有某些工作文化比較相像？

就如同人類必須決定人生方向，企業也有必須做出重大決策的時機嗎？

要知道這些問題的答案，我們就必須先弄清楚，成功對不同的企業組織而言代表了什麼，而企業組織的情況又對成功的態度有什麼影響。

> 這就是我「相對績效理論」（theory of
> relative performance）的起源。

雖然這個理論包括了一些圖表，卻和理論的精神比較有關聯，而不是精確的科學。我並不想徒增你的困擾，而只是想要說明企業生活中的關鍵論據。

我的理論，是從以下兩個原則得來的：

- 企業績效目標（required organizational performance, ROP）：用來幫助說明組織在任何特定市場與時間中，成功達成目標所需的績效標準；以及

- 實際企業績效（actual organizational performance, AOP）：用來幫助說明組織的效率和專注力，盡量降低浪費與多餘的付出，以確保組織能夠達成既定的績

效目標。

企業績效目標

　　情況不同、績效相同的的企業，會具有個別不同程度的成功；而且，不同的企業即使使用不同的績效標準，也可以達到同等級的成功。

　　企業績效目標是根據以下兩個關鍵變數間的交互作用而定，我建議使用這兩個變數，來預測組織需要獲得成功的績效程度。

- 競爭時間的長短：定義為組織**主動規畫**的時間，也就是直到他們所決定的利益開始實現以前，願意等待的時間。我們所做的每一個決策，都要有相對應的時間表——我們願意、或可以花三年來完成這個案子嗎？我們必須在三個月內、甚至三天內就見到成效嗎？
- 競爭的程度：反映市場對新加入者的開放程度，以及其他企業對相同客戶競爭的強烈程度。競爭的程度，是由市場狀態而決定的。

　　有些問題會影響這兩個變數。

⊙變數一：企業預計花多長時間參與競爭？

短期的成功可以接受嗎？

　　許多企業沒有長期的抱負，只想趕快達成某個計畫，然後就進行下一步。這常見於任務導向的商業和非商業組織。

經營企業的人，有沒有建立長期的關係和成功的意願？

許多經營企業的個人，對於長期的未來展望都興趣缺缺，並把他們的興趣局限於負責（當然也包括獲利）組織成功的時間表上。無論股東的的期望值有多高，這種情形都可能發生。

有思考長期未來的可能嗎？還是未來充滿太多不確定性？

有些市場的變動相當大，因此未來的詳細投資和計畫最後都會證明是白忙一場。

長期觀點會傷害短期成功嗎？

過於關注未來，有的時候會分散對短期優先重點的注意力，進而傷害到企業目前、甚至於未來長期成功的可能性。

企業所處領域中已有的優勢商業文化是什麼？

歐洲和美洲的股票市場變動，可能會給其他地區——比如說日本企業——的競爭者不同的壓力。

日商比較能在成功的長期觀點中獲益。他們習慣等待報酬，企業、股東和市場間的信任基礎也較深。

⊙變數二：市場的競爭有多激烈？

是被管理還是受控制？

自由競爭的限制程度有多高？限制愈寬鬆，企業就有更多表現的空間。

市場是商業性還是非商業性的？

投資者比較喜歡競爭市場而不是非商業市場；因此，非商業企業可以因為壓力較輕來維持最佳表現。

有必須突破的地理障礙嗎？

如果有一項服務只能由當地的供應商提供，那麼，這種別無選擇性的情況，反而可減少組織的壓力好一陣子。

可以建立短期的獨占優勢嗎？

根據所需投資的程度，一家企業有很多可以從短期獨占中獲利的機會。

可以建立進入市場的合法障礙嗎？

如果一家企業可以找到妨礙其他公司進入市場的合法方式，比如專利權，就可以提高競爭的門檻。

市場的變動有多快？

快速變動的市場有兩種可能：如果市場變動太快，新加入者的投資速度跟不上，他們就會被淘汰；此外，快速變動的市場也會減損穩健玩家的獲利──進而鼓勵新手加入市場。

思考市場競爭度和計畫競爭的
時間後，就可以知道
獲得成功的企業績效目標！

　　分別以競爭時間和競爭程度為軸，我們就可以繪製成功的企業績效目標。

　　圖4.1中，由左下方到右上方的直線就是企業績效目標，最差的績效是0，最高為10。這代表了什麼意思呢？

- 它說明了人類和企業的不同。
- 它回答了為什麼這麼多營運不佳的企業能存活，甚至成長。
- 它解釋了為何鴕鳥心態會有廣泛的影響。

　　現在請看看這張圖表，你會發現，長久以來你所被說服的事情其實並不正確——那些你以為「糟糕」的企業，

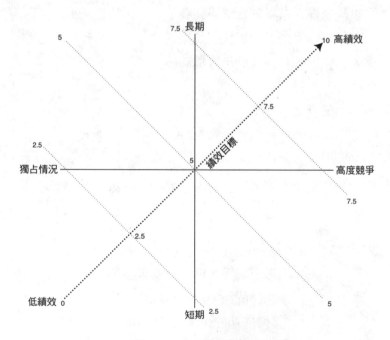

圖4.1　企業績效目標

其實表現得還不差。

成功的程度並不全然一樣，而績效與成功之間也只有間接的關係。

表面上看來，這似乎符合史蒂芬‧柯維的效能觀點；他認為獲得成功的唯一方法，就是套用正確的品性倫理。

但若從另一個角度來看，事情則不盡然如此。史蒂芬總是把成功視為長期的議題，這點我同意；但我們在這裡討論的並不是他所謂的成功，而是「我能僥倖得到什麼，而且還能繼續賺錢？」的成功。

在企業中待得愈久你就會愈了解，其實對於很多人和企業組織而言，這些都是可以接受的。

為了讓你了解企業績效目標實際運作的情況，我們繪製了許多不同的組織情況（請見**圖4.2**），讓你也可以見到各個情況所代表的含義。

接下來，讓我們一項一項討論。

1. 高度競爭和長期的觀點。決心要在高度競爭市場獲得成功的企業，除了將自己的績效推向100%外，別無他法。這是一個很艱難的局面：緊密結合的有效團隊，必須達到100%的績效才能成功。但是，**這樣的成功將非常驚人！**

2. 合理競爭和中期的前景。雖然績效比第一類型的企業低，但這類企業還是能達成目標。績效足以帶來成功，但如果能提升績效，又可以把企業拉拔到何種境界呢？**有許多相當成功的企業命運就是如此。**

3. 競爭力小但有長期目標。現在，我們終於進入了文明服務的領域。在較少或沒有直接競爭，以及一直以來都

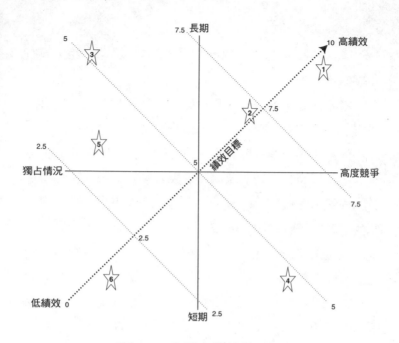

圖4.2　應用企業績效目標

　　試圖傳達價值的情形下，企業中很可能存在太多獨立行為
和個人問題，因而阻礙關係和績效的改善。在沒有成功調
和的情形下，績效可能縮減一半；這個狀況，也很可能足
以反映一些老字號企業的行為和關係。其中當然也有一些
領域原本就被公用事業占據，一直以來提供的都是「慘不
忍睹」的服務，可是一點也不讓人覺得驚訝。沒有競爭，
又不必有改變世界的企圖，就連無能的公司也能茁壯──
如同我們常常親眼所見的一般。**成績單上的警語是──還
得再加強！**

　　4. 有顯著競爭力卻只是短期的機會。典型的黃牛，他
們大概只會和每個客戶碰一次面，永遠依靠新買主過活。

他們不必和客戶建立關係，卻需要高度的效率，並小心維持供需平衡；在這種環境下，重要的是認清供需關係和保持精明。**不需要施展高度技巧的客戶服務。**

5. 獨占市場，但缺乏長遠抱負。 這是典型的地方服務業，比如水管工、電工和暖氣工人。由於粥多僧少，因此他們只要買部二手箱型車、在電話簿上刊登分類廣告，打開手機，生意就會自動上門。**這種錢真好賺。**

6. 近於獨占卻極度短視。 這是剝削的模式。在需求大過供給且供給量又有限的情況下，企業就可為所欲為。這是在網路泡沫化以前的典型環境，當時的投資者，爭先恐後地將資金投入網路公司中。企業可以在很短的時間內，利用貧窮的人、愚蠢的人和貪婪的人來賺大錢。**賺了錢就快跑！**

想這些事有什麼用？

對於經營企業的人來說，上面的討論代表了什麼？

首先，能夠思考企業要如何運作才能成功，便可幫助我們更正確的分配整體資源，並了解要多辛勤工作才能獲得正面效果。

第二，要讓**所有的事情**都能有正面效果，只不過，這其實非常——

- 昂貴
- 花時間
- 分散注意力
- 困難

因此，這也表示：

- 不可以付出太多；我們的失敗，是因為動作太慢、耗費太大、離開市場太久和想要讓每件事都完美；
- 也不能付出太少；我們的失敗，是因為沒有讓顧客保持快樂。

企業必須平衡績效的每個面向，才能有最佳的表現。在公司的優點和弱點都很一般，而且沒有經過深思熟慮就浪費大筆時間和金錢，是十足愚蠢的行為。用精美的禮盒包裝廉價又破爛的禮物是沒有意義的──你很快就會被抓包！

實際企業績效

深入了解獲得成功的企業績效目標非常有用，但如果我們能結合達成實際企業績效的知識，就可以真正開始有效套用我們新發掘的知識。

實際企業績效和企業績效目標一樣，都需要兩個用來定義的變數：

- 關係效力：找出企業工作文化和關係效力的證明、道德正確和自然法則之間的關聯性；
- 專注程度：企業專注在工作文化上的效率。

以企業對工作文化的效力和專注程度分別為縱橫軸，我們就能說明實際企業績效。

圖 **4.3** 中，由左下方到右上方的直線就是實際企業績

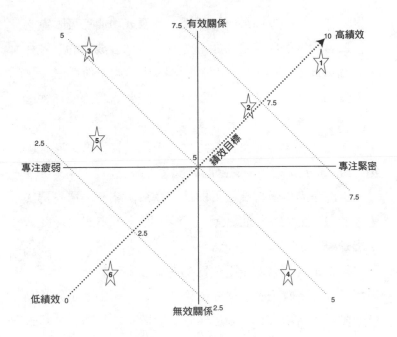

圖4.3　實際企業績效

效，最差的績效為0，最高為10。

　　為了了解實際企業績效運作的方式，我們可以使用和說明企業績效目標相同的「組織情境」（organizational scenario），並看看效力和專注所代表的含義。

　　1. 高度競爭和長遠規畫（在此情況下的成功將非常驚人！）。只有高度有效率的工作文化，才能讓這樣的企業獲得成功。此處的關係可不能打折：無論是員工、客戶、投資者，還是領導團隊，都應該受到應有的尊敬。只有絕對專注和建立正確工作文化的企業，才能夠獲得對等的結果。這一類的企業必須花上一段時間，以確保每個人都被

納入工作文化內。**如果一切無誤，那麼成功便無可限量。**

2.**合理競爭和中期的願景（有許多相當成功的企業命運就是如此）。**此類企業的表現應該也不錯；他們必須發展適度的有效工作文化並辛勤努力，以確保整個組織朝著同一個方向邁進。若能在專注力和關係上多出一分力，則可望更上一層樓。**有可觀的能力，但目前缺乏進入超級聯盟（Premier League）的野心和努力。**

3.**競爭力小但有長期目標（成績單警語──還得再加強！）。**此類企業的動機良好，但問題是，主廚太多就做不出好菜。企業中有太多擁有好主意的人，想聽的人卻相對少。企業中也有太多不一致的關係和中斷的進度，而且看起來「做正確的事」優先於獲得成效。結果不是獲益良多，就是事倍功半。如果這類企業有改進的意願，所有人就都會重視；然而問題的根源很深，而且很難克服。**我會想好好處理這個問題。**

4.**有顯著競爭力卻只想短打（不需要施展高度技巧的客戶服務）。**在史蒂芬‧柯維的《與成功有約》中，這不是非常有效的經營方式，但還是具有很強大的力量。此類企業會有些不必要的浪費，但也因此帶來受歡迎的改變：金錢統治──其實這是可以接受的。對關係的專注會集中在上游，確保源源不斷的補給以供應飢餓的大眾。他們所缺乏的績效，可以用效力補充回來。老闆喜歡滾輪溜冰鞋，員工卻都愛穿直排輪。**一位在組織效率中被埋沒的英雄──嘗試之前不要放棄。**

5.**獨占市場，但缺乏長遠抱負（這種錢真好賺）。**除了認真完成工作和個人榮譽，這類企業沒有什麼可以激勵

員工表現的理由。這一類型的情況裡有相當多的工作機會，就連一個能力普普的人，也能從電話簿中找到頭緒。缺乏專注和關係普通，證明了他們大可以輕鬆的享受退休生活。你得知道，世界上總是會有缺乏野心的人，在某處過著安逸舒適的生活。**有誰想來杯茶放鬆一下嗎？**

6. **近於獨占卻極度短視（賺了錢就快跑！）**。這個類型的企業，是你想像中最沒效率的公司。他們和詐欺犯只有一線之隔！他們缺乏道德理想和效率，關係——那是什麼東西啊？他們的格言是：「如果我們逃得過，就這麼做吧。」第一次進入市場也常是最後一次。他們倒是有察覺問題的能力，因此如果眼光能放遠一點，搞不好還可以賺更多錢。此類型的企業組織依存機會而生，不斷「轉世投胎」以避免被辨認出來；善意行為和長遠的關係，是不可能存在它們身上的。**員工、客戶和投資者最好遠離這一類型的企業。**

符合各種目標的企業

對企業而言，行為良善或是有道德（根據史蒂芬·柯維的說法）並不一定是**最能夠獲利**的方式。藉由通往符合道德關係效能的捷徑，企業可以獲得成功（至少會有幾次機會）。

有些人可能從來沒有獲得過第二次表現超越第一印象的機會（除非他們是電影《今天暫時停止》〔*Grounding Day!*〕中的比爾·莫瑞〔Bill Murray〕），企業就不一樣了，因為企業可以不斷用一種人們無法擺脫的方式重新創

造自己。

人的生命有限──
企業的壽命無窮。

有如走了太多捷徑，過度操縱工作文化的企業會快速失敗。一家企業只能有一個目的──無論是好是壞。

因此對企業而言，選擇正確的工作文化是一件**相當重要的議題**。

但談到專注時，則是另一回事。雖然工作文化沒有自動的選擇模式，但對專注而言，卻有自然的選擇方式──以更加專注來減少浪費和增加獲利。

如果發展正確的工作文化是
企業的重要議題，那麼謹慎專注
就是企業的重要工作！

第 5 章

渴望
不凡的表現

調整好你的抱負

企業的兩大步

發展正確的工作文化和謹慎專注，可說是企業應奉行的兩大優先事項，但為了要能正確抉擇，我們需要知道以下幾件事：

- 不同企業所有權的方式，會影響營運模式嗎？
- 企業的道德觀是什麼？我們可以不在乎道德嗎？
- 服務的概念對企業的成功有多重要？
- 我們要如何處理跳槽的問題？
- 我們應該避免個人崇拜嗎？
- 過去良好的領導能力現在為何不再適用？
- 員工正在造反嗎？

想知道這些問題的答案，請繼續閱讀下去！

所有權的問題

許多問題，都是由企業主和他們投資的企業之間的關係所衍生出來的。問題有兩種主要類型，第一種由雇主造成，另一種則是由於過於分散或缺乏所有權導致。

⊙企業雇主的兩難

企業雇主有兩個責任：一個是身為所有人的責任，另一個是身為團隊成員的責任。當他們無法明確闡述自己的責任時，問題就會出現。

企業雇主的弱點，是無法在既定的企業文化之外即時

做出決策。這會造成其他經理人逐漸加深無能為力與被剝奪權力的感覺，還會讓他們無法做出任何缺乏主管認可的決策。

這無疑削弱了企業的整體效能，進而讓企業走上通往慢性企業壓力和鴕鳥心態的道路。

身為關係問題解決者，我當然親身經歷過不少這一類的事情，說起來，這也是造成許多所有人經營的企業總是停滯不前，以及永遠無法獲得卓越成就的原因。

⊙企業集團的問題

當所有權分散時，像是一些企業集團，內部董事和其他管理階層人士，便會就地「繼承」所有人的責任，並做出代表主管的決定。

在所有權分散和缺乏控制的情況下，董事們便會傾向將股東的錢當做是自己的。

如果董事發現自己完全不須對任何事情負責，那他們每天一早醒來時，一定沒辦法不這麼想：「我們今天要照顧誰呢？是股東還是我自己？」

往後他們在經營企業的責任，以及獲得個人成功渴望與追求自我利益之間，便會產生利益的直接衝突。

如果多數的小股東沒有獲得足夠的資訊，或是無法發聲，這個情況就會更加惡化，甚至成為無辜的犧牲品。

之所以造成這種情況，是因為我們這些直接投資的股東，還有納稅的人民，都可以被他們佔便宜。

我們投資的公司和我們依賴的政府部門，績效都比應有的程度低很多。這就是個人日常事務衝突的直接結果；

而這些個人問題，又攪混了我們所依賴的價值判斷和努力。

　　更重要的是，這些問題不只影響利益的分享（像是有「肥貓」症的人），也讓企業很難達到成功的目標。（譯註：「肥貓」意指坐領優渥薪水的白領高層。）

　　由於缺乏更有效的解決方法，董事或部門主管就會向外尋求評估績效的方式，也容易受到操縱而左搖右擺。最後，他們只是得到旁人毫無意義的見解而已。

　　當我們看到，這些人（通常也是負責發展、報告和評論的人）是以偏頗的績效方式來評斷企業時，就可以發現這個系統的缺陷非常明顯。

　　對大型商業和非商業組織而言，它們都有必要好好思考組織的行為，而且是現在就有這樣的需要。

　　如果你可以接受平凡無奇的生活，就不會有任何想要改變的動機。唯有擴大平凡和驚人成功之間的鴻溝，才有辦法喚醒我們的動力。

道德爭議

　　企業的道德觀是什麼？我們可以不在乎道德嗎？

　　這些是非常重要、也很有趣的問題。在回答這兩個問題之前，我們首先必須知道在企業中和在家生活的不同之處。

　　企業的起源可不是溫暖的巢穴，而是要努力工作以求自己和家人的溫飽。

　　這就是企業領導觀念開始偏頗的起源。我們非常容易

被大環境的觀點所影響——邪不勝正、老闆平易近人、員工誠實又很努力工作，以及客戶總是說實話。

但很不幸的是，這些都不是真的！

在真實的世界裡：

- 人們的特質和性格都不一樣；
- 商場上總是適者生存。

在企業的大環境裡，你可不是在遠足或郊遊，而是競技；我們必須競爭以求勝利。

當賺大錢是主要目標時，就必須好好展現企業績效！這表示：

> 利益導向的成功企業通常
> 是無關道德的，企業是將機會
> 轉換成金錢的機器！

使用像是「道德」或是「無關道德」的用語時，我們必須特別小心：這是含有隱含和複雜意義的重要詞彙。因此，我決定要解釋我在本書使用這兩個語詞的方式。

- 道德觀：現有的、被視為正確和適當的行為標準，人們使用這些標準來評斷所有事情的是與非。
- 道德：無論法律或現實情況為何，用一個人的良心來決定對錯，並以個人的信念決定如何表現。
- 無關道德：不受個人道德評斷的影響。

- 不道德：與公認的道德原則相反。

然而，企業比較像機器，而不是像人。

一家企業的成功，是由不斷地成功和永續的合作關係所決定。

不如這麼說吧：

- 一把槍是否成功，取決於它能否有效殺人，而不在於這把槍知不知道要殺誰——後者是開槍者的責任；
- 軍隊是否勝利，取決於有沒有贏了戰役，而不在於戰鬥的理由——後者是由政治家來決定；
- 土狼能夠成功繁殖，在於有沒有獵殺足夠的食物，而不在於獵食行為是否公平——後者是由上帝來決定。

成功的企業可以是無關道德的；也就是說，不受個人道德評斷的影響：

- 不論它們是軍火販子、在販賣菸草或尋求絕症的治療方法，都可能成功；
- 它們沒有存在的理由——企業不是人類，也不是上帝根據自己形像所創造的；
- 它們不知道對錯，只知道成功和失敗；
- 它們不需要遵守人類的道德——上不上得了天堂並不是問題。

一個成功的企業必須堅決、一致地遵守以上原則，以追求既定的目標。

每個在成功企業裡工作的人都必須明確了解，根據工

作文化自己應有的行為標準，不能根據個人的社會典範而有不同結論。

全體專心一致
——而不是用意良善——
才能造就成功的企業。

即使是在「拯救兒童組織」、「稅務局」或廢車廠，這些原則也都不會改變。

失敗的企業在道德上是
困惑和矛盾的——
它們沒有明確的行為標準。

建立工作文化不是想做就做，企業中的每個人都必須確實遵守該文化。

當有人以宣示獨立的態度，不遵守約定的工作文化恣意而為時，就會導致資源浪費、組織壓力、關係受限和最終的失敗。

缺乏專注力會讓企業的表現低落。要是管理者都依照自己的意念，而不是根據統一的工作文化來下決策，則會對企業造成很大的傷害。同樣地，當管理者往一個方向前進，而員工卻總是朝向另一邊時，就會導致浪費和大災難。

任何拒絕單一工作文化概念的企業，就好比處於無政府狀態中，而且無法以單一個體的方式運作。事實上，這一類型的企業就像由不同人士組成的鬆散群體，只會追求個人關係，而不是企業的整體利益。

這種公司無法承擔企業或組織責任，因此會追求不同議題，造成前後行為的不一致。

服務的概念

服務的概念對企業的成功有多重要？對任何尋求驚人成功關係的企業而言，最有效率的工作文化又是哪一種？

如我們先前討論的一樣，關鍵的議題就是我們打算在這圈子裡待多久。如果我們只想賺了就跑，那就實在沒有必要花一分一毛不必要的金錢。

這不是經營一間超凡成功企業的方法。

如果一家企業想要獲得驚人的成功，唯一的方法就是擁有高效率和保持高度專注。

但這可不是一夕之間就能獲得成效的。

沒有任何一種工作文化能夠應付所有的情況。如果我拿車子來做比喻的話，不同的工作文化，就好比不同的加速度和極速。

為什麼有人會想要花錢創造一個他們不會參與的未來呢？

如果你已經有離開的打算，為什麼要投資在資產負債表上很難見到的價值，像是員工、改善團隊道德、發展客戶焦點和提升競爭水準等無形資產？

畢竟，這是「可拋棄式」企業的時代！

除此之外，以服務概念（尤其是客戶服務）為中心的工作文化，是最能夠達到長期驚人成功的。

一家公司若想採取以服務為基礎的企業文化，就要做好長期抗戰的心理準備。

這樣的公司，在市場上必須有度過初期階段的耐心和資源；無論未來企業的價值高低，都要盡力成為市場上具有支配力的龍頭企業。

> 以服務為主的工作文化
> 可帶來很多好處，
> 但收穫卻來得很緩慢。

你所處的競爭市場，有沒有給你做出全部正確決定的特權？

對某些企業來說，一開始先使用一種工作文化，然後在規模和成功狀態允許或需要時，再轉移成另一種工作文化會比較好。

身為主管的人若能充分準備好轉移到面對改變企業文化的挑戰，再計畫進化或變更工作文化，應該是個不錯的主意：在適當的時機行動，並有效的根據市場最新狀態來轉換文化。

但我們千萬可別忽略了，企業規模愈大，一開始選擇工作文化時就必須愈小心。組織愈大就愈難改變；大型企業通常笨手笨腳，而且和小型對手比起來相當不靈活。

較大型的企業，不能經常且大幅的改變工作文化，因此，剛開始時必須花更多的時間和精力，以避免後來會出問題。

處理跳槽的問題

目前有愈來愈多員工和企業領導人，更換企業外衣的速度像是昆蟲蛻換外殼一樣頻繁。

在今日，工作不再是終身職，人們學習採納和丟棄工作文化的速度，快得就像是年輕人換男女朋友一樣。因此我們必須把工作文化看成一件衣服，上班時穿起來，下班後脫掉。

這樣的概念，過季商品零售店、客服中心等都運作得相當好，此一類型的員工只需要執行已制定的客戶服務程序，所謂的工作文化，不過是他們工作時的準則。然而，如果企業領導人也以同樣的方式看待工作文化，就不是這一回事了。

每一個領導團隊內的成員，都必須確實負責一部分的工作文化。他們必須了解所有可能的細微差別和含義，因為要把這個工作文化套用在許多複雜商業情況中的人是他們，而不是行政或客服中心裡的員工。

當資深經理人更換工作時，他們很可能會——至少一次——保持舊工作文化的內涵；通常加入的員工愈資深，這樣的情況就愈容易發生。如果他們習慣於舊有的工作文化，就會不顧一切可能遭遇的企業壓力而拒絕改變。

這就是許多高階主管跳槽後無法適應工作，只好再換

工作的原因。

　　趕走這種新進資深主管，可能是維持企業內部和諧的重要方式。另一方面，這也可能是企業無法認同需要改變的例子，以及讓企業的成功停滯不前的原因。

個人崇拜

　　在缺乏一致性的工作文化下，企業領導者就會依據自己的性格，在職權範圍內支配關係的處理方式。

　　領導團隊中每個成員的權力和影響力，會決定相對文化影響力的強度。然而，無論相對的平衡點在哪裡，可以確認的是，這一定會造成困惑、浪費和壓力。

　　在這樣的情況下，個人崇拜就會隨之產生；企業組織也會出現多頭馬車，分別帶領各自的追隨者，進而在組織中造成分裂的工作文化。

> 這真的很有趣：當一個人患有
> 分裂或多重人格時，
> 會被診斷為精神分裂症，
> 並獲得醫療協助；
> 但是當企業患有分裂或多重文化
> 時，卻會被視為正常。

　　你可以在企業面對銷售調查、而不是服務調查時，從不同的回應方式中見到這樣的影響。

有多少次，你發現自己突然被有事要做的銷售員「遺棄」在店裡，原因是你「只想看看」？

你碰到過多少家企業，會在免付費電話的那頭，由真人熱情地接聽電話並回答你的問題？還是大多會讓客戶花大錢，使用付費電話慢慢等待自動答覆系統的回應？（就好像我特地打這支銷售專線讓你替我轉接！）

這種完全不一致與令人無法接受的行為，至今仍相當常見；這也解釋了，為什麼會有這麼多公司注定淪落至地獄──除非有人願意採取行動。

清楚、簡要的示範

對所有遭遇跳槽和多重工作文化症狀的企業而言，還好，這裡有一個讓它們專心一致、埋頭前進的方式。

我從觀察人們行為中所學到的重要一課就是：無論我們採取什麼方式，最重要的還是我們的動力：

- 如果你想當好人，就當聖人；
- 如果你要當混球，就要當一個道道地地的混球。

經營成功企業的人，背後都有無比的動力，而且會不顧一切地追求目標。

無論是什麼身分──非洲的傳教士、學校老師、二手車商甚至地產經紀人──他們都會展現一樣的行為：**唯一不同的是他們所處的工作文化。**

以這樣的邏輯來看，若我說成功企業的領導人擁有一些共同特徵，應該是很合理的；但這些特徵不是目的，成

功才是。

在和我的同事討論這一點，以及分析我認為屬於這一類「人種」的行為後，我發現了一些相同的特徵。

> 在我們的經驗裡，成功的
> 領導者會清楚、一致、簡單地表達
> 他們想要企業自行遵守的
> 原則和優先順序；事實上，
> 他們平常就在奉行想要企業全體
> 都能遵守的工作文化。

成功企業的領導者會：

- 具體化他們所代表的企業；
- 區分經營和組織性責任；
- 可以一氣呵成並流暢地說出企業目標；
- 使用一致的準則來決定何者重要，何者會造成注意力分散；
- 精確且充滿熱情地進行溝通；
- 擁有具傳染性的樂觀態度，但不會讓個人性格變得比企業或訊息更重要；
- 控制企業行為，並親自遵守工作文化；
- 將穩定關係的重要性視為最優先。

企業領導人親自示範工作文化非常重要，很難想像一家成功的企業會沒有這個特色。

過去良好的領導能力，
現在還活得好好的！

一致的關係和目標，以及原則清楚的簡要示範，不只對領導者很重要，對企業中的每個人也很重要：兩者都不可或缺。

每個人都必須傳達相同的訊息，不只是表達的方式，還包括表現的方式。

驚人的成功應該是這樣的：

清楚＋簡要＋親自示範×每個人＝持續的成功

員工正在造反

如果到最後員工完全拒絕──或說拚死抵抗──企業的工作文化，一切就都無所謂了。

相信我，雖然這可能是最後一道防線，但一想到有許多企業組織因此失敗，我就會感到十分惶恐。

會發生這樣的事，其實有很多原因。

⊙執行過程有缺陷

你不能在拋棄了組織的工作文化後，還期待大家感謝你：工作文化的呈現方式對成功十分重要，你必須溫柔地善待員工，並且讓他們感受到實際參與和對公司發展有貢獻。

許多公司都只花一點點功夫在這方面，才會造成很多工作文化無法有效地被整個企業都接納。

有效的企業，到了這個地步就會開始考慮採用劇場藝術和企業習慣的發展模式，因為這在成長的娛樂業中可是溝通的標準，所以也一定是工作中的標準。

在專注力和忠誠度低落，期待與選擇增加的情況下，只有嚴肅看待工作文化的企業，才能在未來獲得成功。

⊙缺乏動機

有多少你認識的管理者，願意在沒有正當理由的情況下自動改變？我想應該不多。

但這還是不會阻止一家公司在還沒有讓員工覺得值得的情況下，就嘗試改變他們的行為。

長久以來，很多企業的報酬和動機不是互唱反調，就是未能幫助企業達成目標。有許多動機是建立在和財務和績效相關的基礎上，而這實際上卻會鼓勵反社會或傷害公司的行為。

有一些獎賞機制，事實上並沒有重要根據，而是像在背景中逐漸消失的音樂一樣，不但效果有限，更會浪費大量的金錢。

我們需要新的態度：獎賞應該根據期望的行為和績效而定。

⊙沒有明確的罰則

這和前一點非常相關。每一種工作文化，都應該訂定一個企業和員工間相互約束的合約。

每一種工作文化都要有透明和公平的審核過程，故意違背規定的人，也都必須付出代價。

王子犯法，與庶民同罪。上位者也必須使用同樣套用在其他人身上的、清楚和公開的原則，來接受組織的審核和獎勵。

正義不能是少數人的特權：無論採用什麼系統，一定要有人有徹底執行的骨氣。英國的經理人曾被批評他們只會嘴上說說，到真的必須放手一搏時，卻只會像駝鳥一樣把頭埋到沙子裡。

今日的社會非常重視行事的適當性，所以大家都寧願忽略不被接受的行為，而不願面對被當成「辦公室惡霸」的風險。

但問題是，如果錯誤的行為沒被懲罰，那麼，其他人也就沒有表現良好的動機。

⊙員工不喜歡他們所聽到的

我們都有自由意志，所以如果你想實行一個員工不喜歡或不同意的工作文化，你就有場硬仗要打了。

如果人們反抗我們的要求，或者他們認為自己還沒準備好或訓練好，他們就會找到千萬種方法來讓我們感到挫敗。他們並不會說不，只會掌握每個機會，閃避我們想要他們做的事。

企業對游擊戰的策略應該不陌生：這比較像是面對內部反抗運動，或是嚴重一點──恐怖團體，而不是打傳統戰。他們不會公開面對你，但是會撤退、重新整裝，再用好幾千種不同的方式反擊。

唯一可行的解決方式，就是討論和妥協。或許就是這些先前遺失重點問題的討論，才能大大改善企業績效。

⊙工作文化被領導團隊中的個人行為所破壞

謀害工作文化的最佳殺手，大概就是這個了。

個人取得權力時，通常會伴隨以下的自然假設：身為資深經理人，我們可以自由去做那些其他員工可能會因此被開除的事！不知道為什麼，一旦成為資深經理人，我們似乎就認為自己高過企業規範。

只有很少的人（如果我們夠誠實的話）可以說他從來沒有過這種念頭；但就是有一些厚臉皮的經理人，嘴上說一套，實際上做的又是另一套。

他們以為其他人都是笨蛋，而且漠不關心嗎？

偶爾這會近似於暴君秦始皇的蠻橫態度——既然這個王者的作為不被認同，你的官僚作風就更不合適。正所謂「多行不義必自斃」。

對任何工作文化來說，這樣的行為都有如死亡之吻，而且是明確的鴕鳥心態徵兆。

第 6 章

企業演化

為什麼有些企業的成長又快
又穩健?

成長

我們都知道，企業並不如同人類是有知覺的；相較之下，企業組織並沒有自己的記憶能力，它可以很快地完整分離未來與過去。

因此，企業學習、儲存和分享知識的方式就變得很重要；任何一家有效能的企業，都必須鼓勵員工學習。企業一定要能夠學習並謹記過去的教訓，但是現今人力流動的速度愈來愈快，因此要做到這點其實並不容易。

在快速學習並謹記重要教訓的同時，企業也要能夠**反學習**及屏除惡習，這又比有效學習更艱難。

每一代的新企業，都必須被賦予新機會，以證明自己的能力。

既然公司董事長和執行長來來去去，候選人也應該重新洗牌，如同父親犯的罪惡不應該傳承給兒子一樣。企業必須明智選擇所要堅持和淘汰的事項。

⊙演化之於改變

無論一家企業或組織有多成功，都需要隨勢變化。然而在某種程度上，改變總是會帶給企業組織痛苦和冒險的經驗。

有效的改變，是為了明日的成功而犧牲今日的收穫。願意妥協和適度犧牲，也是建立長遠關係的基本要素。

如果沒有這些基本要素，企業的演化就會失去方向，以致最後不但沒有成長，反而會造成令人困惑的變化。

然而，我們也沒有任何理由可以把企業演化看得太簡

單：許多企業連眼前的首要重點都認同不了，更別說是未來的目標；因此，任何形式的犧牲觀念，都會是大家忌諱的主題！

我們了解企業成長演化的概念嗎？

我一共發現了四種企業演化的等級，雖然沒有一定的順序，但這個證據的確顯示，演化的路徑愈直接，企業獲得穩固關係和驚人成功的機會就愈高。

企業演化的四個等級為：

- 初始型
- 圖利型
- 封建型
- 進階型

⊙初始型企業

初始型企業（Primitive Oganization）具備所有任何剛開始創立組織的典型特色，精力和參與度通常很高，如果成立的方式正確，我看他們大概可以完全依賴腎上腺素來運作吧。

很自然地，初始型企業必須實行一些其他類型企業都在努力達成的事情。正式的結構和溝通，在這階段還不是必需品，因為熱忱和團隊精神就可以讓企業向前行。

在早期階段，多數的初始型企業都可以在同一種工作文化下運作，並建立有效的內外關係。然而，這樣的情況

卻維持不久，因為初始型企業先天具有短暫的性質，蜜月期過去後，企業的文化就會改變。

至於會改變多少、改變多快、改變是否有跡可循，以及改變是否順勢而為，都還有待討論。

和所有企業相同的是，初始型企業必須選擇如何管理自身文化：究竟要三思而後行，還是該讓企業文化自然形成。很不幸地，有太多企業都過於依賴初始型企業身分，把時間花在處裡次要的事情上，而且選擇專注於他們自認為必要的營運模式。

這似乎可以理解，但我相信，這樣的態度也反映出某些常見的誤解。

- 企業的蜜月期或「初始」階段可能非常短，因此讓很多企業出局——只要傷害一造成，一切就結束了。復原的工作總是很艱難，也比積極努力的付出還要耗費心力和時間。
- 一開始的積極主動創建文化和管理關係，可以讓時間和金錢的成本降到最低，讓公司在接下來的幾年中獲益。你要記得，管理工作文化並不代表過度操作：事實上，應該恰好相反才對。

> 就算是在開始階段，企業壓力和
> 初期的鴕鳥心態也會讓
> 企業付出比主動創建文化和
> 管理關係更高的代價。

從第一天開始就確實主動創建文化和管理關係，可以確保長遠的驚人關係和成功。

⊙圖利型企業

度過初始的創業階段之後，緊接而來的是圖利型企業（Mercenary Organization）。這一類型的企業已經建立基本設施，但需要良好的內部溝通，以及使用發展策略來激勵員工，才能達到初始型企業可以自然達成的目標。

在缺乏主動關係和文化管理的前提下，許多圖利型企業到最後會有一個以上的工作文化並存，進而導致它們失去焦點。一旦如此，它們唯一能建立的就是壓力和受損的內外關係，鴕鳥心態更會成為它們唯一真正的「願景」。

在初始階段時，如果企業組織無法建立相互信任的關係，就會在這個階段付出代價。從經濟上的角度來看，圖利型企業的基礎人際關係其實運作得相當不錯，卻無法建立彼此間的信任。

沒有了信任，就不會有忠誠度；一旦沒有了忠誠度，內部的分裂和衝突就無法避免。在此同時，顧客和供應商的關係也會一落千丈。

在與外界交涉時，沒有信任基礎的企業，就很難掩飾這個弱點：由於不同的經理人和員工都用不同的方式代表組織，很多明顯的不一致性便會出現；矛盾的企業政策、行銷活動和彆腳的服務，更會使企業走下坡。

⊙封建型企業

如果圖利型企業演化為封建型企業（Feudal Organization），便會引起更多的緊張、壓力和分裂。

在封建型企業中，你會很明顯的發現不同的派系、分裂的忠誠度、多重的工作文化和受損的內外關係，通常還伴隨著浪費。一旦走到這個地步，鴕鳥心態就再也無可避免。

封建型企業是失敗的管理團隊必須付出的代價，這通常是不公平或過度保護市場的結果。這些公司會只做他們會做的事；為了改變而嘗試錯誤，在這樣的組織裡被接受的可能性很低。

如果有任何一位來自封建型企業中領導團隊的人在讀這篇文章，一定會認為我要不是瘋了、就是個壞人，甚或兩者皆是；也可能會認為我說的根本不是他們。世界上，再沒有比這些不願意面對現實的人更盲目的人了。

⊙進階型企業

進階型企業（Advanced Organization）是企業演化中最高階的層級。這類型的企業擁有強健的服務式工作文化，企業成熟度也最高。

它剔除了「封建型」和「圖利型」都有的分裂性質，並以和諧、專注和一致的關係取而代之。

進階型企業是所有類型中最穩定和存在最久的企業。他們會非常努力建立和維持關係，以正直的態度讓所有人都能互相信任。

演化成進階型企業企業的秘訣，就是從「初始」時就直接慢慢轉換到「進階」，跳過「圖利」和「封建」的圈套，而且一開始就施行主動關係與文化管理。

企業組織演化的過程

這個過程，如**圖6.1**所示。

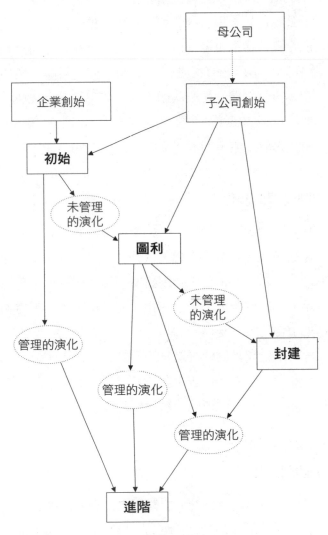

圖6.1 企業組織演化的過程

⊙企業組織的創始

企業組織的創始，通常有兩種形式：

- 企業創始：以獨立實體創立全新的企業；
- 子公司創始：現有商業和公共企業的分支。這一類型的企業，通常會繼承母公司的工作文化，並可能略過「初始」階段，直接進入「圖利」或「封建」階段。在具有足夠獨立性的狀態下，它們可以自己變成「初始」組織，但不太可能直接變成「進階」組織——因為「進階」組織的形成需要長期建立的信任。

⊙欠缺管理的演化

只要是創始階段的公司，如果領導團隊沒有採取任何正面步驟來控制未來的文化，就等於是將這個剛剛萌芽企業的命運交給了上帝。主動創建關係和文化管理，是組織確保不會發展成多重或分裂文化、並且身陷企業壓力和鴕鳥心態道路的唯一途徑。

沒有清楚和奮發的行為來扭轉過去的潮流，封建型企業就很難有所改變。這些企業通常已經發展出根深柢固的文化，如果沒有正面積極的補藥和治療，它們不可能會變好。

⊙管理的演化

管理的演化是企業唯一能夠用來控制其命運的方式，它們能夠採取的作為則是「關係地圖」或「真相與調解」

——我稍後會再做說明。

企業的優勢和劣勢

在企業演化的各個階段中的組織，究竟有何不同？每一個階段又各有什麼優劣勢？

我們可以用相同的基礎比較各個階段，在此，我使用了六大主題來分析：

- 哲學
- 動機
- 焦點
- 信心
- 時程
- 優勢

這樣一來，就可以簡單又快速地發現重大差異！

⊙哲學

初始	圖利	封建	進階
播種	剝削	賦稅	收割

這些主要企業階段背後的基本哲學差異，再明顯不過了。

初始型企業是週期的開始，所以我們可以發現，他們的哲學就環繞在「今天播種、明天收穫」上。他們很清楚的知道，要是沒有好好整地，就不會有收穫；因此他們已

準備好投入時間和金錢，並期待隨之而來的收穫。他們也有冒險家的精神，就好比是那些到美國西部尋找新土地和機會的拓荒者。

這是尚未開發的區域！

很明顯的，接下來就是圖利的階段，也是剝削機會的國度：狩獵、捕魚和開礦，非常適合用來形容這種哲學。圖利型企業尋求立即的回報，不會從事長期投資。

圖利型之後便是封建型，經營哲學著重在向那些辛勤工作、努力和冒險的人課稅。圖利型所尋求的立即回報，至少是自己努力的結果，但封建型卻傾向從他人身上獲得立即的報酬，或是在客戶缺乏選擇下賺取利潤。

剝削資源是圖利的中心價值，而剝削他人則是封建哲學的主題。不管是股東、顧客或員工，在封建型企業眼裡看來統統一樣。

在進階型企業中，我們則看到了另外一種哲學。進階型企業是依據收穫的概念所建立的：他們知道生命具有自然週期，並致力於遵守這樣的週期。他們有播種、照料幼苗，以及期待良好收穫的耐心。他們知道收穫來自長期的努力，也知道不見得努力就一定有大收穫；因此，結果的好與壞他們都能接受。

他們也了解慶祝和豐年祭的概念，以及嘉勉對個人的重要性，進而反映在企業組織的營運上。

⊙動機

初始	圖利	封建	進階
以創意為基礎	以知識為基礎	以力量為基礎	以信任為基礎

毫無疑問，創意就好比初始型企業生存所需的氧氣。創新、創造和熱情都非常重要：沒有了創意和熱情，初始型企業就沒有了希望。

企業逐步成功和擴大規模後，專注的焦點就會從創意轉移至知識身上。知識管理成為關鍵的一環，處理資訊和追求正確結果的能力則變得非常重要。在知識逐步擴張的同時，溝通所扮演的角色也愈顯關鍵。

封建型企業可不是源自公正和平等，反倒是植基於力量。階級統治、強迫和欺壓，在這個類型的組織裡似乎司空見慣。

進階型企業最了不起的一點，就是製造和員工及客戶間信任的能力。這個能力，主要建立在尊崇事實和了解言行一致的重要性上。進階型企業可以在商業關係的每個面向上使用信任優勢。

⊙焦點

初始	圖利	封建	進階
外部	外部	內部	內部和外部

初始型和圖利型企業都特別著重外部，雖然各自的理由還是有點不同，但只要一閃神不留意市場狀況，兩種企業都會有大麻煩。

封建型企業通常一開始都是在受保護的市場環境下營運，但是他們可不會內疚，反而會特別著重內部的圖謀策劃。內部議題和自我辯解，於是成為最重要的事項，當封建型企業聚集在一起的時候，這種現象會更加明顯——例

如歐盟。每個企業都對他人的自我實現有影響，因此，這允許它們能在自己的小小私人夢想國度中共存——當然，這個國度是由我們所金援的！

進階型企業的表現則相當平衡，它們一方面了解市場的顯著重要性，另一方面也了解更新和投資自身組織以保持健康的重要。

⊙信心

初始	圖利	封建	進階
共享的自信	自信	低自尊	沉穩的自信

相互支援和共享自信，對任何一家初始型企業都非常重要。沒有了彼此的支援，初始型企業的成長可能會相當艱困。自我信念很重要，但如果沒有共享的自信，也還是無法維持營運。

這方面，圖利型企業便稍有進展，自我信念變成了自信。只不過，自信和自大之間只有一線之隔，這也是為什麼，圖利型企業必須小心對待每一個關係。

由於有太多惡霸，所以封建型企業的自尊相當低——這也多少解釋了他們的行為。如果自信高一點，他們就不會花那麼多的時間躲在一個又一個障礙的後頭，也可能因此會有更好的營運成效。

進階型企業和圖利型有那麼一點相似，卻以沉穩的自信替代了自信。進階型企業的經驗充足而且有信用：他們是那種不必用力過猛的企業組織。

⊙時程

初始	圖利	封建	進階
短期	中期	中期	長期

初始型企業的本質並不是永續的。就像處於青少年期的企業，這時正在發展個人的性格、伸展肌肉和測試屬意對象的吸引力。如果他們不願長大，那就有問題了：適合辣妹的東西，可能不適合熟女。

圖利型和封建型企業通常是中期的。他們的壽命，是根據所處的市場狀態與重新創造自我的能力而定。一個持續改造自己的公司，比那些不想成熟的企業要更吸引人。

進階型企業是唯一真正長期和持久的企業組織。他們光靠盈餘和銀行的信任就能過日子，還能在別人一一倒下的時候持續成長。

⊙優勢

初始	圖利	封建	進階
希望	協商	規範	示範
精力	財務控制	供應管理	一致
創新	品牌效率	治理	信任
		控制系統	追蹤記錄
			自我控制
			關係

初始型企業可以說是掌握希望、精力和創新的達人，

是最有精神的企業，很能激勵人心；相對來說，進階型企業就很難展現這種樣貌。

圖利型企業必須更有組織一點，因為他們通常比其他企業更龐大又複雜；他們通常是知名品牌的公司，為了準確管控財務，經營得十分拮据。

封建型企業則更進一步，以自己身為偏執狂的傾向，來當做控制系統的催化劑。由於缺乏信任，他們總認為如果沒有把東西看好，就會被偷走。這一類型企業測量和記錄每件事情的能力真的很驚人，只可惜，他們不會記錄切身相關的績效和客戶滿意度。

進階型企業則著重大量展示，包括個人的層級和企業層級。他們把讓其他人見到自己「在做正確的事」看得非常重要，也從來不會忽視一致追蹤記錄的重要性。

一致和自我控制，也是進階型企業的優點。和其他拚命試著保衛自我以努力控制市場的公司不同的是，進階型企業不但很能自我控制，還可以展現完整的企業責任。對他們而言，穩固的關係就是生活的方式。

測試關係

這個測試可以用在任何一家企業組織身上，藉以測量關係基礎有多強健，以及辨認該組織究竟是屬於初始、圖利、封建或進階中的哪個階段。

十個關鍵的關係指標裡，包括五個正面的指標和五個負面的指標。不管是哪一個指標，都可以套用在所有的企業組織關係中。

正面的關係指標有：

- 尊敬：關係起於相互尊敬；
- 透明度：關係建立在公開和透明上；
- 信任：各方之間的重要信任；
- 信譽：公平交易的信譽；
- 委任：有明確期待的職權委任。

負面的關係指標有：

- 強制：習慣強迫人採取行動；
- 形象：過於依賴形象而非實質內涵；
- 操縱：操縱事實或人們，以取得不當利益；
- 行賄：以純粹的金錢獎賞和個人私益當籌碼；
- 規定：為了穩固職位而服從公司規定。

　　企業組織裡如果有任何一個前五項的正面指標，就可以得一分；如果出現任何一個後五項的負面指標，就要扣一分。

　　把這些指標套用在先前說明的主要企業類型之後，你就可以清楚見到，各個企業類型關係基礎的強弱度（請見**表6.1**）。

　　負分表示該組織若不是封建型，就是即將從圖利型轉變為封建型。接近零分的組織很可能就是圖利型企業；二到三分的組織可能正處於初始階段或正要轉變。若分數高於四，則是進階型企業。

表6.1

指標	初始	圖利	封建	進階
正面				
信譽				＊
尊敬	＊	＊		＊
透明度	＊			＊
信任	＊			＊
委任	＊	＊		＊
得分	+4	+2	-	+5
負面				
強制			＊	
形象		＊		
操縱			＊	
行賄	＊	＊	＊	
規定			＊	
得分	-1	-2	-4	-
總分	**+3**	**-**	**-4**	**+5**

第 7 章

賺錢訣竅 1：

向真相調解委員會學習

認清商業真相與調解的重要性

傾聽事實

對大多數公司來說，有些時候，他們的確需要特別和異常的事物，來突破平凡單調、滿足飢渴的關係和並鼓勵自己往前大步邁進，而不只是腳踩小碎步。

挺身而出和大聲疾呼需要的是勇氣……但坐下傾聽也是。

——邱吉爾（Winston Chruchill）

如邱吉爾所說，有些時候你的確需要勇氣，才能挺身而出和大聲疾呼，但其實，坐下來傾聽殘酷的事實也是需要勇氣的。

在這些時候，組織就應該考慮
採用「商業真相與調解」。

身陷鴕鳥心態並惑於慢性企業壓力的企業組織，不可能哪天一早醒來就忘卻過去、重新開始。這些組織，都需要接受療程以恢復健康體質。

就如同人與人的關係一樣，企業組織的問題是根深柢固的：任何膚淺的療程都將注定失敗。身處關係危機的個人，通常無法以客觀的方式來解決自己的問題，這就是他們尋求關係諮詢服務——比如「對話」——的原因。

對話需要雙方都用冷靜的態度來溝通，這很可能是他們幾年下來，第一次有機會真正聆聽對方想表達的事情。

只有經由這種你情我願和客觀環境下的聆聽過程，才可以改善情況並開始進步。

　　企業組織也一樣——但問題卻糟上千倍，因為需要聆聽的不只是兩個人，而是來自幾十個、幾百個甚至幾千個人的聲音。

　　在找出企業內的憤怒員工和所牽涉人員的範圍後，我就開始尋找一些可以調解差異的模組，因為這可能可以幫助企業組織改變，並發展他們的文化。

　　我也開始觀察許多國家都有的「真相調解委員會」，包括智利、南非和前南斯拉夫。設立這些委員會來處理的暴行規模，當然不能和那些在最糟糕的商業組織中亟需注意的事項相提並論，他們處理的是謀殺、虐待、強暴和任何你可以想像得出的暴行，但重點是：如果他們在這些惡劣情況下採取的方法真的有用，那麼原則就一定正確；如果使用得當，甚至可以在比較沒那麼嚴重的情況中使用。

　　既然組織可以從關係諮詢的方法中學習，那麼，也就一定能向真相調解委員會學習。

　　經由我的研究和試驗各個規模的組織之後，我結合了「真相與調解」中使用的適當原則與關係諮詢的方法，進而創造出「商業真相與調解」。

　　商業真相與調解是個完善和精確的解決方案，可以用來根除慢性企業壓力和鴕鳥心態。這種方法不會只做表面功夫、不會只治療病症卻忽略根源，更不會敷衍了事。

　　商業真相與調解會正視問題的存在，並直搗真相和幫助企業組織接受真相；不是用來苛責他人或多所批判，更不在尋求責難或懲罰的對象。

商業真相與調解可以建立穩固和永續的基礎，讓企業組織能有效運作——同時使用下一階段的重建過程，也就是「關係地圖」——並建立和所有人之間的美妙關係。

商業真相與調解完全根據人類的經驗，並著重真相、對話和了解，而不是嚴格遵守不變的審核過程。

行動的成功與否，完全在於參與人士的精神和意願，以及每個人對於建立組織更好未來的貢獻慾望。

就如同所有的旅程一樣，這需要你勇敢的踏出開始的第一步！

坦白從寬

誰可以起身對抗鴕鳥心態，或是幫助需要改善關係的企業組織？

這個問題的答案是：理論上誰都可以。

還記得「革命不會被電視化」這句老話嗎？改變的推動力量可以來自於四面八方，但我們必須把這樣的推動力結合在一起，當成企業的核心。而這樣的核心，可以建立在企業組織裡那些有意願及有能力挑戰現況的關鍵人士之中。

採用商業真相與調解時，要讓每個人都能承認目前的狀況不太好，但我相信，這對任何人來說都可能很困難。回應這種狀態的個人，通常會有罪惡和侵略感，而這樣的感覺又來自個人狀態的不安全感，或是懷疑自己能不能表現得更好。

這樣的情況非常正常，但還是必須處理。這也是力挺

商業真相與調解人士的功課，因為他們必須幫助他人處理事情，也必須幫助他們克服處理過程中可能會有的個人不適任之憂慮。

鴕鳥心態和與之相關的行為，是企業組織有系統分裂化的標準產物。不論你再怎麼沒信心，鴕鳥心態都並非來自個人的失敗；關係弱化是因為一系列的關係一個接著一個的崩毀，最終當然導致組織文化的瓦解。

任何想要扭轉這種情況的人都必須先準備好，因為，至少有一段時間你會是在台上大唱獨角戲的人。

任何接觸過關係弱化受害者的人都知道，他們通常都會把所有的錯誤怪罪在自己身上。這樣的情況，也會發生在企業組織中。任何一位商業真相與調解的擁護者，都必須有面對這個情況的準備，並在一開始就表明不是要怪罪任何人，而是要屏除惡習和過去的關係，以建立更好的未來。

我在各種企業中遇到過的最難解的問題，並不是他們不願意面對問題或提出可行的解決方案，而是怎麼幫助他們找尋有所作為的勇氣、克服恐懼、掌握阻止他人犯錯的技巧，以及讓他們重新面對現實生活。

我在一場會議中討論這個議題時，有個客戶突然抬起頭來對我說：「我們現在的問題，並不是證明我們遇到了問題，因為這已經是大家都知道的事──而是應該勇於承認！應該站起來大聲說：這是一家組織不健全的企業，讓我們一起來有所作為。」

他說的一點也沒錯！

那天過後，我便改變了我和企業合作的方式。我不再

將焦點放在問題上，因為對於那些看來似乎想要找出問題的人而言，其實問題顯而易見；我也停止著重在解決方案上，因為解決問題其實並不難。

現在的我，著重在讓人挺身而出，以及說服他人要有作為的技巧上。

幫助他人以其迎向更好未來的熱情和達成這個目標的堅定信心，敢於提高音量讓滿堂噤聲，是個非常嚴厲的挑戰。

給人信心大聲地說：
「我們的確處於『鴕鳥心態』之中，
讓我們來改善這個情況吧！」

認識商業真相與調解

……人們有權尋求、接受並且傳遞消息與思想的自由。

—— 世界人權宣言（The Universal Declaration of Human Rights）第十九條

獲得真相是人類的基本權力，也一定是形成任何能維持長遠、互重與互利關係的真正美妙企業組織的基礎。如約拿森‧波爾（Jonathan Ball）所說：

> 沒有真相，就不會有信任；
> 沒有信任，就不會有和平；
> 沒有和平，就不會有繁榮。

這段話，也可以套用在企業組織、國家和家庭上。

商業真相與調解的主旨，就是要實現這段話，致力於取得關係經營方式的真相、使用接受這個真相來當做調解企業組織的基礎，建立全新的關係。

前南非憲法法庭法官阿爾比‧沙其士（Albie Sachs）就曾以一段名言強調，當組織正努力建立領導團隊、管理成員、員工、客戶、股東和其所處社會環境間的關係時，所會面臨到的議題。

這段話是這麼說的：

> 如果我們想要自己的公民權物有所值，就必須停止區分白人和黑人的歷史。就是這樣的行為，造成了我們國家中兩個群體的對立和不認同感。我們每個人都必須踏上同一艘船，並停止移居者和本地人間的對立，在差異和不同的命運下和平共處。
>
> 這需要的，不只是捕風捉影、原地踏步地專注在微小真相上，而是要注重廣義、多變、多層與互動的真相。
>
> ──《自由鬥士的溫柔復仇》（*The Soft Vengeance of a Freedom Fighter*），阿爾比‧沙其士，2000

　　如果把「白人和黑人」以及「移居者和本地人」用「管理和員工」替代，並把「國家」換成「組織」，那麼阿爾比・沙其士對南非的談話，就可以適用在任何企業組織上。

　　轉換後，阿爾比・沙其士的言論可以是這樣的：

　　如果我們想要組織變得非常成功，就必須面對並克服截然不同的管理方式、員工以及股東的觀點，唯有如此，我們才能見到組織現有和未來的首要重點。

　　我們需要發展出能夠統一志向與目標的工作文化。

　　我們不僅必須專注在自己的系統和程序上，也要建立基於對話互動、真誠分享價值、相互尊重、包容、坦承和信任的健全關係。

> 與此挑戰達成協定，將會是
> 現今企業組織面臨的最好機會，
> 也是打敗現在全世界最危害商業界
> 的鴕鳥心態的方法！

　　1998年11月1日的《紐約時報》（ *New York Times* ）上寫著：

　　真正的調解，只有在社會不再因過去而停頓，而且人們可以團結合作的時候才會出現；這樣的調解，是不會從沉默中誕生的。

真相與調解，就如同南非所採行的方式，是在極嚴峻的情況下所採用的複雜過程──這是我和任何人在先前的組織裡都沒有見過的。

但我們千萬別忘了，這些經驗可以教導我們團結的力量，以及如何在不和諧的環境中創造和諧。

我發明的「商業真相與調解」，是一個比過去習慣的範疇小得很多的版本（因為需要專注的範疇比較小）。但是，這個改良過的方法仍然依循最嚴峻環境中的原則。

商業真相與調解階段發展

商業真相與調解有四個階段：

- 接受與認同；
- 尋求真相；
- 具有一致與果斷的表現；
- 避免重複。

⊙接受與認同

接受與認同是兩種不同卻相關聯的事；前者是說接受某種行為，後者則是願意在調解問題時扮演對方的角色。只有在初次發生問題時，才會出現接受與認同。

企業組織中的所有成員，都應該在這個過程中扮演適當的角色；透明、公開和中立，則是成功的關鍵因素。

經常公開並誠實地溝通與回饋，和包容一樣重要。大家所認定為事實、卻不公開接受的真相，不僅要讓大家都

能夠接受，也應該公開認定為一個事實。若不能公開認同這些事情，就會危害當權者的可信度，還有整個過程的可信度。

我們不應該以輕浮的態度來看待這件事；我們要以正直、決心來推動這個過程、獲得進展並得到結果，讓整個組織都煥然一新，並建立新的工作文化、新的關係，以及讓企業組織走向「進階」的道路，從而獲得最終的美妙成功。

沒錯，我們必須把決心當做取得接受與認同的第一步驟。

我反對！

對任何試著轉變企業文化和關係的第一個自然反應，大多都是「我反對」，所以我們必須預見、進而解決這種情況。任何商業真相與調解的擁護者，都知道自己將處理數不清的反對情況。

「我們已經開始做了」

沒錯！人們會堅稱事情沒有這麼糟，並且早已採取類似的行動。這通常是最赤裸裸的鴕鳥心態。如果商業真相與調解是白金，鬆散的變更計畫就像塑膠。

「假使決定權在我身上，我早就開始做了」

每個人都可以開始革命，也都可以負起責任、扮演好自己的角色來提升企業組織的精神，並且讓平凡變成過去式。

「我們已經試過這個方法，可是一點用也沒有」

有時候，一個人在一生中總要多嘗試幾次同樣的事！商業真相與調解是根據許多世界上已經測試成功的概念而建立的。我可以保證，這個方式只有在錯誤使用的情況下才會失敗。

「沒有人想要聽真相」

我們得先知道真相，然後才能開始處理。很多人不想聽這些事，很多人安於平凡和三流的表現。但問題是，你是這樣的人嗎？，

「解決這個問題只會製造更多麻煩」

坦然面對事情並不會造成問題──你只會面對老早就存在的問題。

「我們真的想做，但時機不對」

時機什麼時候才會「對」？最有可能的答案是永遠都不會對，或是早就太遲了。世界上沒有完美的時機，而所謂的時機也只會愈變愈糟。你愈是忽略鴕鳥心態，關係就愈會瓦解，而憎恨也會愈來愈深。

盡快行動吧！

「過去五年來，我不就是花錢要他們做這件事嗎？」

這是個狡猾的反問。沒錯，有人可能認為經理人必須為企業的這種狀況負責。

但我們得記住兩件事：

- 鴕鳥心態是系統崩解的結果，不是個人的失敗；
- 我們現在做的，比過去所做或沒做的事都重要。全世界沒有人可以改變過去，但我們都得替未來負責。

「我們才剛重新改組過」

真是夠了。

「你別當個擾亂份子，這會傷害你的前途」

大多數的濫用關係，都建立在威嚇和脅迫上，這就是鴕鳥心態現在還可以活得好好的原因。屈服的人等於宣告了，自己（當他們還在公司時）將和企業過著慢性企業壓力和無成就的生活。

⊙負起個人責任

到了最後，至少要有一個資深員工挺身而出當先鋒。

如果那個人控制了組織，人家就可以立即開始試著贏回組織，並在商業真相與調解中扮演積極的角色。

相反的，他們就得先說服整個領導團隊，然後再接手組織。無論是哪種情況，這裡有一些可以幫得上忙的簡單守則。

立即行動

時間和真相是不會等人的——現在就行動。

揭露一切

公開所有問題，誠實面對自己的優點和缺點——表現

真實的自己。

照顧好你籃子裡的雞蛋

確定當你投身商業真相與調解時，別忘了每天還是要
開發新客戶、照顧老客戶並與供應商合作。

選擇你的第一個團隊

你要在整個組織中，根據態度和承諾仔細挑選一個合
作的團隊，而不是根據年資或職位。不要吸納任何拒絕承
諾的成員，以避免交叉感染。

別和任何不想有所成就人為伍。

想想人們與熱情，而不是過程

這可不是雞毛蒜皮的小事，而是攸關態度和誠實。

要能鼓舞人心

想想邱吉爾說的「我們要在沙灘上戰鬥」……之類的
話。

⊙尋找真相

商業真相與調解是一個全然不同的解決方案，可說是
一個民有、民享和民生的解決方法。

然而一旦啟動，不論是誰負責開始執行的，組織內的
所有人都有責任來完成這個過程。

商業真相與調解中最關鍵的工具，就是「真相地圖」。
我將會在本書的最後一章〈關係地圖〉中詳細討論。

關係地圖是一個審核的過程，包含了組織內以有結構的簡單方式，來檢視組織的委任，結果則是企業組織主要功能和關係的紅旗／綠旗分析。這個分析，變成了走完後段關係地圖的回響板。

比工具更重要的，是使用工具的精神。

商業真相與調解是創意的邀請函，也是組織中的每個人扮演達成先前組織階級無法或不願處理事情的角色邀請函。

來自企業組織中各個面向的個人和團體，如員工、股東，甚至夥伴、供應商和客戶，都可以一起用想像、創新和足智多謀的精神，在多方面做出貢獻，並尋找先前無法解決問題的可能原因。

讓商業真相與調解得以順利運行的重要元素，就是組織內個人積極參與的動力。他們給予這個方法生命，並且身體力行，因此新的組織文化可以應運而生，逐漸繁榮。

這就是平凡會被打倒，
而普普通通不再行得通的原因。

⊙表現一致和果斷

沒有一致、果斷和行動的商業真相與調解，終會成為夢魘。

如果要採用關係地圖，決定和行動就必須敏捷，以和商業真相與調解直接做出連結。

溝通絕對是最重要的，但還有幾個必須傳達的重點。

商業真相與調解必須：

- 打開沉默與鴕鳥心態的限制；
- 給予組織內每個人表達不滿及意見的機會；
- 使用適當和直接的言語，以避免言不及義；
- 以單一個體來檢視組織，而不是期待和責任都不一樣的不同個體。每個參與的人都有相等的責任，也都必須對結果負責；不能有分裂的小團體，否則會使不同的次文化再滋生；
- 接受要共同分享組織內所有責任的原則；
- 鼓勵建立新社群網路——該網路將觀察先前的分歧，並傳達組織內各個面向的不斷對話和互動；
- 決定哪些是可以協商、哪些則是沒得商量的事情；
- 對未來做出明確的建議，開始定義責任、期待和想要擁有的關係，開始改革的步驟，以及開始定義組織的單一工作文化。

⊙避免重複

商業真相與調解中，最後且最重要的階段就是：避免重複。

鴕鳥心態後的生活

既然曾經身為酒鬼……

無論已經戒了多久，一個人是沒有辦法完全戒除一種癮的。

　　這對企業組織而言也一樣。對任何一家想要發展美妙關係並享有絕對成功的公司，採用商業真相與調解是個好的開始，但也只是開始而已。

　　企業必須維持他們所開始的成就。

　　在下一章，也就是本書的最後一章裡，我將介紹兩個避免鴕鳥心態復發的重要概念。這兩個概念是：

- 行動憲章
- 企業儀式

　　行動憲章是將約定的工作文化，正式轉變成組織內所有成員間合約的方式；企業儀式則包括一些重要企業慣例的儀式化。

　　結合以上兩者，就好比在商業真相與調解的骨架上加入血肉，並建立能夠統一組織的歸屬感，好在面對威脅和離間時能夠團結一致。

第 **8** 章

賺錢訣竅2：

建立成功的關係地圖

四大地圖、一個憲章、一種儀式

通往關係地圖的道路

就我對企業組織的了解，「關係地圖」是所有事物的必然終點，不但簡單、直接，而且就像是在同一條路上一起旅遊，除了過程還有共同的目標；這也反映出在和任何人溝通時，細節、精確和明晰都是相當重要的事實。

它了解語言相通，以及運用力量團結組織的重要性。它也了解文字可能遭到扭曲及濫用，而成為傷害團體的劊子手。

關係地圖很清楚地表明，要建立有效的文化，就必須依循邏輯概念的先後順序。在考慮將組織往前推一步前，地圖也告訴我們有分享事實的需要。

但或許關係地圖中最基本的一課，就是關於包容、坦誠和互敬。美妙的成功必須建立在美妙的關係上，對**每一種**類型的文化來說都一樣：關係是雙向的，如果沒有了互敬，關係就只不過是種交易而已。交易不會帶來忠誠度和信任感：因為交易在本質上是非常短期的，扮演不了幫助企業組織成熟和進化的角色。

⊙關係地圖的元素

關係地圖由幾個元素組成：

- 真相地圖（Truth Map）：在面對組織時，達到對分享、接受挑戰和機會的了解；
- 文化地圖（Culture Map）：幫助人們工作得更有效率，而不用浪費精力；

- 訊息地圖（Message Map）：讓人們更容易聆聽你的看法；
- 行為地圖（Behaviour Map）：幫助人們做正確的事；
- 行動憲章（Active Constitution）：一種可取得並授權的方式，以便壓縮、管理和分享組織的工作文化；
- 企業儀式（Corporate Ritual）：建立企業組織的驕傲。

⊙關係地圖的歷史

我花了好幾年的時間，建立並測試關係地圖的構成要素；在我對整體企業成功的組織關係產生影響後，我有了更深入的了解。我所強調的重點，也從先前一系列的構成元素，轉換到有凝聚力的完整邏輯。

真相地圖和文化地圖，可能擁有史上最長的孕育期。我大概是在十六年前，當我還在英國電信工作時，就開始發展這兩個地圖的原則；我當時必須整合超過2,500名銷售、服務和行銷人員，讓他們成為一個有向心力的團體。我們得將「公務員對抗科技」的文化，轉換成「商業顧問對抗CEO」的文化；我可以明白告訴你，那可一點也不簡單。

我們要讓企業的專注力集中在內部，尤其是老舊的階級、科技和產品，更要裡裡外外都重新整修一遍。在我們建立客戶文化前，還得先為客戶介紹我們的理念！

當我剛進這家公司時，顧客全被稱為「訂戶」，員工則聽都沒聽過「客戶」的概念。當時的訂戶都得面對刻板

僵硬的選擇：下訂單後將近三個月才會獲得服務；一個月前就申請的東西，可能要四個月之後才會收到；即使換了供應商，和客戶缺乏溝通的情況卻和原有的供應商沒什麼兩樣。

銷售能力則和我先前遇到的完全不同。他們會設定自己的目標，報告自己的銷售額（其實是收到的訂單），然後就把心思都放在高爾夫球上。

唯有從頭開始，才能更改這種企業組織的運作方式。我們幾乎可以說是將銷售和行銷功能圍起來築了一道牆圍起來，然後在圍牆裡建立新的組織。雖然這不是理想的方式，但這家「大型」英國電信公司卻有將近15萬名員工：大到我們無法施展影響力；幸運的是，我們仍有2,500名員工可供「試驗」。

這可以說是大規模的文化變革，我大力借用了我在Dixons和Debenhams等公司負責零售採購工作時所體驗的文化：也就是那些公司的顧客顯現的生活方式。我們也從結構比較完善的資訊公司身上學習，他們販賣商業優勢而不是技術的態度，比我們來得進步。

這對顧客及關係有興趣的人來說，就好比死後來到了天堂。我手上有2,500人可供實驗，還要進行大規模的文化轉換。

雖然那時我還沒有「關係地圖」這個名稱，但我們已花了好多年建立真相地圖和文化地圖的基礎；我們使用比較困難的試誤方式進行，到最後，花了將近七年的時間，我才終於明顯改變了那個文化。

這應該算是我生命中最輝煌和刺激的時光。我在一個

很棒的團隊裡，和許多傑出的同事一起合作，每天我們都在改變現況或面對新的挑戰。

其中最棒的回報，就是見到整個組織在我眼前成長。員工從原本的官僚主義者，轉變成精湛的專業人員；原本沒有個性和成長目標的組織，也一天一天地建立起信心和績效。

其中最驚人的，就是我們團體的改變逐漸影響到組織中的其他部門。我們對顧客的專注擴張到企業裡的各個部分；之前原本淡漠的關係，也拓展出全方位的聯結。

我們所做的事，可能還拯救不了整個英國電信，卻證明了令人難以置信的學習效能，和大家一起參與的難得經驗。

離開英國電信後，我把這個方法和意念套用在安永管理顧問公司中；後來更發現，如果我想成為企業組織有效關係發展的倡導者，就必須在一個活躍及更具創意的環境裡工作。

我在安永的這段期間內，獲益最深的就是認識提姆‧蓋伊以及大衛‧柏特。提姆和大衛一起開設的Tim Guy Design公司，當時正在協助安永的溝通技能。我很快就發現，他們其實和我一樣，處理的是類似的問題。

我們一拍即合，並立志幫助客戶進行更良好的溝通和建立絕佳的關係。

為了幫助客戶相互溝通，他們幾乎每天都會遇到一個實際的難題。客戶似乎知道自己想要什麼，卻怎麼也說不清楚；他們也知道該讓客戶思考什麼，卻無法解釋清楚客戶該怎麼思考！

　　我們很快就發現，要解決這樣的問題，組織目標、關係、內外溝通和行為間就必須有穩固的連結。

　　有太多的企業組織，都試過以獨立溝通的方式來表達對核心目的的了解，訊息地圖就是這麼來的。而且提姆和大衛已將這個概念琢磨成藝術，也一次又一次地證明了訊息地圖對企業組織的寶貴價值。

　　關係地圖的其他元素，如行為地圖、行動憲章和企業儀式，則是在稍後的幾年裡，和安娜希・班布里一起合作時發展出來的；至此，我對企業活力和關係已經有完整的了解。

真相地圖：
直率地提出問題，坦然地接受答案

　　真相地圖是審核的過程，用來透徹了解企業組織的挑戰、機會並鎖定焦點。

　　這需要組織內的上下層人士和相關人員，如客戶和供應商的全力參與。以最簡單的層級來看，這包括詢問很多人各種不同的問題──而且這一步才只是個開端。

　　我想說的是，讓這個步驟獨特的原因並不是真相地圖本身，而是採取的原因和施行的精神。

　　我會在兩個不同的情況中使用真相地圖：首先是作為「商業真相與調解」的一部分，另外則是標準訊息地圖實作的第一步。

　　真相地圖可在這兩種情況中使用，方法和原因卻不大一樣。

- 作為標準訊息地圖實作的一部分（例如協助一群忠誠和熱情的人），重點在於取得關於未來機會和挑戰的真相。

- 作為商業真相與調解的一部分，重點在於企業組織往未來發展前，必須找出過去衝突、調解差異和消弭憎恨的真相。在這個情況中，我們得在對話和辯論開始前，努力將意見不同的人拉上會議桌對話。

　　這兩種情況的實際機制其實很雷同：都需要有條理、有系統和同情的詢問。

　　為了保持客觀，獨立裁判者不但可能會很有幫助，也許還不可或缺。

　　真相地圖可以讓每個人的意見都被聆聽，讓大家抒發怨氣；如果使用得當，連最頑固的反對者都可能改變原有的想法！

　　我曾在一所尋求升等為專業工程科技大學的學院裡，採用了真相地圖的方法。剛開始的時候，我的腦袋裡不斷湧現許多議題和感覺，但學校裡瀰漫著各種不滿的氣息，不是對於科技大學的想法，而是近乎「下流」和「噁心」的批判。學校裡的大多數人都覺得工程學沒有價值，現代語言、宗教和戲劇等科系則視之為爭奪預算的威脅。

　　家長和學生都不想知道改變可以帶來什麼好處，大家的腦子裡，完全是古老19世紀對工程學的成見。

　　等到我成功套用真相地圖時，「工程學」變成了「新發現」，在我連結工程學與先進的高科技商業機構後，學生們都感興趣了，先前食古不化、誓死反對的教員，反而

變成學校升等為專業工程科技大學的主要領導力量。

　　當時如果我沒辦法適時提出正確的問題，這所學校就會喪失絕佳的機會，更可能會一分為二，傷害到學校的精神和績效。

　　這就是真相地圖的重要性：它擁有的可不是一丁點優勢，而是可能更改企業組織的整個未來！

真相地圖的機制

1. 建立審核

　　真相地圖要調查的，是每個影響組織關係整體效能的績效。雖然沒有組成真相地圖的單一方法，但我通常會使用下列因素來審核管理。

　　受眾群組：

- 領導團隊
- 管理群體
- 員工
- 市場：顧客和供應商
- 大股東與股票持有者
- 社區和環境

　　績效因素：

- 目的與方向
- 領導與溝通

- 績效與創新
- 團隊合作與文化
- 產品與服務
- 顧客服務、銷售與客戶管理
- 識別、外觀與感覺
- 資訊與知識

在〈附錄三〉中，我提供了一些我在這些因素下會詢問的問題類型。這些問題只是初級的——因為真正用來推動真相地圖的問題還要深入許多——但至少可以提供你一個從何處開始著手的引導。

2. 問問題

知道該問什麼問題只是一開始的步驟，審核答案的方式，才是決定最終結果的重點。

我通常會進行一對一的訪談，如果受訪者願意的話，小團體也可以。

我得讓他們知道，他們的立場不必因我而妥協，因為我需要他們表現出商場裡難得一見的坦率。我要突破剛開始會談的陳腔濫調，那可不如你想像中的容易。我需要和面談的人建立起信任感，但因為會談的時間通常不會超過一小時，所以動作要夠快。

請記得，必須和所有類型的人士進行這樣的會談，不論他是好鬥型或防禦型的經理，還是害羞的中階員工。不論是對我還是整個過程，每個人在訪談的時候都必須感到舒適。

我主持過的每一件訪談，都很緊張又耗費精神。我通常會在一天中進行好幾場訪談，因此，結束後總覺得自己好像被榨乾了，需要幾杯冰涼的啤酒來恢復我的精力。

如果接受訪談的人願意敞開心胸和你交換意見，就會是非常值得的經驗。親眼看到這些員工對他們的公司展現出熱情，真的很讓我感動。

這是我最喜愛自己工作的一點：我不但可以幫助推動一家企業，還可以重新燃起員工對公司的熱情，當然讓我感覺很有成就。能夠在一家絕佳的企業裡工作是份榮幸，要是還能幫助這樣的企業，那種榮幸更是難以形容。

下一階段的挑戰，就是要把這些產生興趣和興奮的火花，擴大燃燒成熊熊烈火。

3. 建立第一印象

問過問題之後，我就會建立真相地圖的輪廓（請見圖8.1），並以受訪者整體和績效因素為座標，完成簡單的黑灰白分析。

雖然這只是初步資料，卻可以提供有用的第一手組織狀態。

4. 說故事

在問完坦率的問題和畫出真相地圖的草圖後，第二個重要階段就開始了：轉換事實為企業組織寓言。

直接的批判總是讓人很難接受，所以如果換個方法來說，他們或許就比較願意誠實面對這些事。

這幾年來，我發現把真相變成寓言的秘訣，就是述說

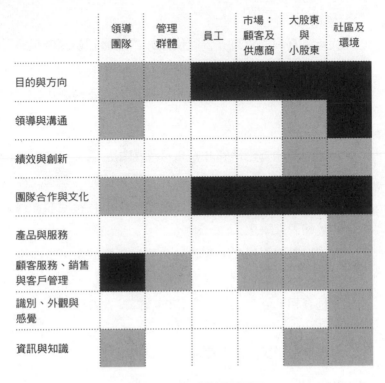

圖8.1　真實地圖概要

白色：良好關係。灰色：需要改善。黑色：鴕鳥的徵兆。

一個每個人都聽得進去、感覺切身相關，卻不會有威脅感的故事。

- 我很少寫報告，但會選擇創造一些寓言，說給那些在第一階段接觸的相關人士聽。
- 我盡力展現熱情、幽默和坦率，以吸引人們的聆聽。我會以一種希望人們會大喊「我們來改變這件事」的方式來陳述事實，而不是讓他們說「我們來改變這個

人」。

- 我避免直接的責難，嘗試用良好的溝通和戲劇效果來鼓舞他們採取行動。

- 我從不會委婉的批評，但我會避免讓人感到渺小或受傷。

這個階段的真相地圖非常重要，因為每個人一定都會認為，自己的想法無論好壞，都需要被聆聽而不是棄之如敝屣；於此同時，你也得為他們塑造一個擁有希望並值得期待的美好未來景象。

你不但需要支援領導團隊，也要授權整個組織；在這裡，平衡十分重要。

一旦真相地圖完成後，真正的大問題就會出現：「下一步呢？」

你必須在樂觀變成悲觀前，趕快化想法為行動。

> 世界上對於企業組織健康
> 最糟糕的事，就是有了真相地圖後
> 卻不採取任何行動。

行動，就導向了下一步的「文化地圖」。

文化地圖：主動式文化管理

文化地圖可以把意外轉變成刻意，把商業夥伴轉變成

工作團隊。

　　文化地圖不只是一個過程，還代表一種信念：成為最傑出的人是最重要的，為自己在工作上所做的事感到驕傲也很重要。對那些憤世嫉俗、認為旁人和關係都不重要的人來說，這無疑是當頭棒喝。

　　憤世嫉俗的人很容易讓我們灰心喪志，質疑自己的信念。**既然都過得去，現在的方法還會錯到哪裡？就算我們有點逃避責任，可我們不是過著舒適又高收益的生活嗎？**

　　這些問題的答案，取決於個人的良心與選擇。我寧願在法國海灘上賣甜甜圈，也不要為一個我不相信的企業奉獻生命和靈魂；基於先前所累積的經驗，我知道我並不是唯一這樣想的人。

　　但處理鴕鳥心態和文化地圖這兩件事，可不是每個人都辦得到的，如同我一開始就強調過的——只有再也無法忍受常規的人才能閱讀此書！

　　文化地圖就是專門提供給擁有這個信仰的人使用！

解釋文化地圖

　　文化地圖可以把隨機的文化產生方式，轉變成一個有條理的過程，並創造一個基於共同目的而統一組織的文化，以及建立健全、一致和有效關係的基礎，進而使企業組織兼顧短期目標和長期抱負。

　　但在企業組織以團隊的形式開始工作前，我們必須清楚了解想要的到底是什麼、為什麼想要達到這個目標，以及團隊之間究竟存有何種關係。許多組織都試過宣示抱負

和使命來追尋答案,但也常剛起步就摔個四腳朝天。

這裡有幾個基本的理由,說明為何這些宣示會一直失敗、為何在很多情況中無法達到眾人欣羨的目標。

- 這些宣示所用的言語,通常定義不明或有威嚇性質:員工不但不了解,還會覺得「天高皇帝遠,和我一點關係也沒有」。
- 只是昭告宣示,卻沒有後續的動作:沒有檢視的過程或行為準則,來告訴大家怎麼推動抱負和使命,或者說明具體的意義。

這就是為什麼「抱負與使命」名聲不佳的原因(雖然聽來相當不公平)。全英國的大小企業組織都沒有好好改進表達方式,以至於大家把文字的陳述當成了問題,而不認為其實是被不當使用的事實。

因此我放棄了抱負和使命這兩種說法,而以文化地圖為在前導引的完整解決方案。文化地圖完全沒有納入抱負和使命,也擺脫了傳統原地踏步、無關緊要和充滿懷疑的字語。

建置文化地圖

文化地圖是一年三百六十五天的經驗,而且最終應該成為組織生活的一部分。這不是僵硬的文字組合,也不是每次一到要進行年度報告和企業體檢時,就要拿出來抖抖灰塵的工具,更不是客戶眼前簡單、古怪和言不及義的文字。

　　文化地圖，要建立在由真相地圖相關外部觀點所引發的詳細和完整的自省上。

　　構建文化地圖，就是為了正確進行基本、合邏輯的事物，並以一種可容納所有人和連結組織各部門的方式來做事。這也表示，它必須包括所有感興趣的人，以及所有領薪水的員工。

　　這不深奧，也不複雜，更不艱難，但你非常需要它，因為有太多的組織仍然容易搞不清楚狀況。

> 精神、執行和過程中溝通的方式，
> 就是文化地圖成功與否的關鍵。

　　文化地圖必須是：

- 由領導團隊來領導，並包含整合組織；
- 和股東及夥伴們一起發展；
- 互動和反覆體驗，鼓勵負責任的參與及對話；
- 透明和完整的過程；
- 整齊、清楚、直接和中央的商業決策；
- 能夠誠實區分組織和競爭者；
- 能夠經由有效委任來控制步調；
- 和組織中的每個人都相關也都有意義，並能表達適當的企業價值；
- 作為準則來使用，以確保組織價值建立企業識別、品牌、市場訊息、團隊行為、顧客服務和所有企業組織

關係的基礎；

- 鼓舞人心。

文化地圖包含五個階段：定義目標、建立關鍵關係的基礎、相信組織、表達企業價值和建立文化。

1. 定義目標

這個步驟是特別設計來提供以下的內容。它並不是最終的目標，因此應盡量保持簡短、親切和切合重點。

- **核心目的：**文化地圖是與工作息息相關的，因此必須能夠說明企業組織想達成的目標、怎樣才算成功。這不應該是迂迴且複雜的，要能提供非常精確的說明，並清楚分別企業組織和競爭者的不同；如果做不到這一點，就會削弱文化地圖的力量。
- **主要目標：**什麼是企業組織必須達成的最重要事項？包括短期、中期和長期的目標？主要目標應該具體可行，並具有優先和加權的重要性。
- **主要衡量法：**每個目標都必須是可以衡量的，而每個衡量的方法也都必須有目標和時間表。
- **檢視的過程：**一開始的時候，就必須決定一個公開的檢視過程。檢視必須徹底、完整，並且多方進行，也必須涵蓋目的和目標的績效；但在文化地圖背景中最重要的是，必須檢視企業和個人行為，以及想要建立的關係。

文化地圖的功用之一，是把想要的文化建立在商業目

標的基礎上。在我的經驗裡，商業目標和工作文化常常是在與他人──包括客戶──隔離的情況下發展。

2. 定義主要關係

這是文化地圖中的重要元素。

有效的文化地圖可經由清楚的優先順序和原則，來決定企業組織的主要關係，包含企業組織和以下事項：

- 企業產品
- 企業市場定位
- 企業投資者
- 企業顧客
- 企業領導團隊
- 企業員工
- 企業夥伴
- 企業供應商
- 政府和規範
- 營運的所在地
- 環境
- 社會

我們必須完整的說明以上所有事項與企業組織間的關係，因為這個資訊將會是闡明適當價值、決策準則、行為和組織架構的基礎。企業組織必須擁有這些關係，才能存活、繁榮，因此一定要正確、誠實地描述。所有的主張都必須和企業目的與目標有關聯，並以範例、證據、證明和示範來證實。

這些關係也必須使用以上的方式來形容，才能對所有人都明確、有意義。過程也必須透明化，而且每個人都一定要全程參與。

要有意義地說明這些關係，其實並不容易。你得面對殘酷的事實，做出一些艱難的決定；你得誠實對待那些仍在工作的人，以維持他們的熱忱和動力。

關係要有優先順序：如果每件事都一樣重要，就會造成混亂；到後來大家只好自己判斷什麼最重要，造成企業組織的分裂。忽略事實並不代表事實就會消失，把東西藏在地毯下，也只會絆倒走過的人。

試著用1到12的排序方式評斷關係的重要性──這可是有啟發性的步驟。以下，是我會在企業的董事會中請董事做的其中一件事：我會和他們討論這些關係，並請他們排出優先順序、解釋理由，以及他們認為自己的選擇為什麼足以影響組織。我鼓勵他們誠實面對這些關係的現有狀態，以及他們推動組織進步的想法。

然後難搞的部分就來了：將他們集合在一起討論這件事！

我一向使用國家標準的「真相與調解」經驗，幫助我創造組織企業的整體和諧，但當我在會議室的戰場裡時，腦袋裡浮現的，卻常是自己從關係引導方面所學到的事。

任何有過關係諮詢經驗，或認識有過關係諮詢經驗的人，就會知道這個步驟有多難，而他們所遇到的情況是只有兩個人（如果不是男女關係的話，可能只有一個人）。

當你面對的不是兩個人，而是六到十人，而且每個人都有自己熱情的信念、強烈的偏好和充滿傷害、憎恨及榮

耀的歷史時，這樣的場景，就好比大家都一起攤牌。

我的靠山，就是直來直往的坦率、幽默、說故事、沉默、同情和公正；如果有必要的話，我也會打開天窗說亮話。

有人說「千萬不要嚇唬會挑釁的人」，但挑釁別人似乎已經是我的職業危險之一；身為指導組織運作調解以解決商業關係問題的專家，我早就學到什麼事可以做，什麼事不能做。

我沒有辦法解決別人的問題，只能幫助他們解決自己的問題。

就算不認同，我也必須尊重他人的意見。

我也只能和我所信任並尊敬的**整體**團隊合作。這包括走在一邊是殘酷、一邊是仁慈的危險鋼索上；我得說出我真的相信的事實，並讓其他人用適合他們的速度，往所有人都感到自在的方向前進。

我得處理個人風格與誠實的問題，**幫助管理者坦誠面對先前他們從來沒有公開討論過的議題。**

這對於所有感到不安、甚至是際遇悲慘的員工來說，都是很重要的一步。

我漸漸了解，不論是在工作或在家，熱情的表現都一樣；不同的是，在工作角色的關係體認遠低於個人。

在極度充滿男人氣概的會議室世界裡，女性也可以和男性一樣有氣概，雖然坦率的表現——容我這麼說，表達出真實的感受——到現在還是會令人反感。

你可能會說：「那又怎樣呢？事情就是這樣，以前是這樣，以後也會這樣。」

那你可就錯了……

> 在商業各個層級內的較好關係，
> 會讓企業賺到更多的錢，
> 並達到更長遠和健全的成功；
> 商業關係的定調，就在會議室裡。

　　如果你想了解所需改變的範圍，就想想今日的男女關係，並和1960年代，也就是五十年前的關係比較一下；你會發現，這份關係已經產生巨大的變革。

　　我相信工作關係、思考與管理關係的態度，將會改變企業組織，而其徹底及激進的程度，與和社會目前已改變的情況不相上下。

> 就像IKEA要我們丟棄普通的
> 印花棉布一樣，讓我們
> 停止接受平凡，並努力地求進步吧。

　　你可以在〈附錄二〉中，獲得更多有效關係的原則細節。

3. 向整個組織敞開心扉

　　挑選領導團隊只是第一步。我們必須先測試關係的定義，然後再放進整個企業組織裡發展。

與員工和其他對象分享領導團隊對於關係優先順序的觀點，一直都是需要下很大功夫的；我們當然也希望，這會是成果豐碩的經驗。

如果一開始就將員工排除在外，便無法讓他們相信這種工作類型；因此，如果沒有全體人員的參與，這個解決方案就永遠都行不通。

我時常對於企業的全體回應感到相當驚喜：既定的興趣不再那麼極端，令人驚訝的是，人們也不再那麼憤世嫉俗。在幻想破滅的管理外殼下，通常充滿著正面的力量，而這股力量則會讓領導者感到羞愧。

文化地圖的成功，完全歸因於建置的過程。我經常看到，由於缺乏溝通和不願進行組織建置的改變，很多人都在終點線前摔倒。

> 明智的人有做出九件驚人
> 事情的能力，卻會因一個不利的
> 念頭便前功盡棄，
> 這始終令我相當訝異。

4. 企業價值

如果價值伴隨著強逼的抱負與使命而來，我就會第一個批評採取此種方式的企業。

但以抱負與使命來看，問題不是出在價值身上，而是那些需要負起責任的人。

企業價值最大的錯誤，就是把它高高掛在上下都沒有任何東西支撐的地方：

- 它們和整體企業組織目的、目標和原本要傳達的實際關係分析無關；
- 它們沒有意義，也和每日情況、所需行為的背景沒有關聯；
- 它們缺乏和企業組織的分享。

簡單說，沒人知道價值到底
是打哪來的，也沒人知道價值的
含義，或者要拿它來做什麼！

文化地圖可以克服這些缺點。藉由建立目標關係的價值，透過行為地圖和訊息地圖，就可以把價值轉換為每日使用的工具。

建立價值

我輪流檢視各個關係後，找出了和每個關係特別相關的六個價值。

因為可從情境式的脈絡中見到端倪，所以我能夠非常精準的定義這些價值，而且它們還代表了很多意義：

- 每種價值的精確意義，可以用細節的層級來定義，讓價值更有意涵，且不會造成困惑；
- 當價值和兩種不同的關係相關連時，單一價值可以代

表兩件不同的事，只要詳加說明，就不會造成困惑；

- 企業組織不同部門的各種首要問題，可以相等且公平地反映出來；

- 並不是所有的價值都需要與每個人相關——只有那些包含在適當關係內的價值才需要；

- 企業組織內的每個人，都可以根據所需主導的關係，而擁有自己不同的價值優先順序；然而，部門之間的價值不應該自相矛盾。

5. 發展和分享文化

任何受到認同的文化地圖，都應該清楚歸檔和記錄，才能讓組織內的每個人都完全了解文化地圖，當做決策和關係建立的積極準則。

歸檔的文件中，應包括績效檢視的原則，並要謹記在心，因為這份文件將會成為組織、領導者和員工間相互約束的合約。

每個人都必須為自己的個人行為，以及代表企業做出決策時詮釋企業價值的方式負責。

在這一章的最後，我將探討行動憲章與企業儀式；這兩者是有效溝通和分享文化地圖的關鍵。

請記住：

企業組織愈是能以精準、坦率、激勵與嚴格的方式表達想要的文化地圖，就愈能表現正直。

沒有任何一家企業組織可在
所選的文化外有正直的表現。

訊息地圖

　　訊息地圖，是我們確定文化地圖確實有效果的方法之
一。

　　訊息地圖原是由大衛・柏特和提姆・蓋伊發明的，幫
助了無數的企業組織節省金錢並改善內外關係，也是指導
整個品牌定位過程中的重要角色。

　　現在的我們，則使用訊息地圖來建立一系列的邏輯過
程，並從組織目標到選擇適當媒體的角度，向正確的受眾
傳達正確的訊息。

　　曾經有好幾次，我們得在關係地圖的週期中，提前使
用訊息地圖的方法；有些企業組織就是不肯相信，他們無
法用明確且一致的標準，來說明想要達到的目標，以及這
要如何符合整體的企業目標。

　　只有在這些客戶嘗試過後，發現無法提供乾脆的相關
答案，以及需要展現一致的標準時，他們才會相信，在進
行有效的溝通前有更重大的問題要先解決。

　　一談到外部關係，有些公司就寧願撐到最後一刻再溝
通，而不是先採取讓整個企業往同一方向前進的步驟。這
也是為什麼，有些公司最後會花上好幾百萬美元在無效的
品牌定位、廣告、網站和行銷手法上。

　　帶領主管去一家顧問或廣告公司，就好像帶小孩子到

糖果店或玩具店。一般的常識與理智，似乎統統不見了，浮誇的情景和誘惑力，彷彿可改變原本正常和理性的人。我知道有些金融主管和工程主管，都有暗地裡把自己比做行銷人員的傾向，因此他們會轉向支持原本不可能答應進行的計畫。

遵循訊息地圖，我們就有終止困惑的機會，幫助企業組織停止浪費大筆金錢在不但不會增加利益、還會傷害客戶的關係上。

⊙訊息地圖九步驟

1. **組織目標**：確定溝通目的與企業組織的目標直接相關。
2. **組織價值**：將企業價值的相關性納入所建議的溝通之中，並思考溝通可能對組織價值內外觀念的影響。
3. **主要受眾**：列出目標受眾的優先順序，並解釋其重要性。
4. **渴望的行動**：列出你想要個別受眾採取的行動。
5. **決策準則**：列出每個受眾的行動決策準則。
6. **客戶觀念**：指出相對於各個決策準則的現有、想要和具競爭力的觀念。
7. **訊息**：觀念的初步訊息。
8. **證明、示範和證據**：找出證據來支持每個訊息。
9. **媒體**：指引受眾正確的媒體訊息，並計算在每種情況下每個訊息的反抗程度，適度調整節奏。

⊙關係和溝通

很明顯地，關係和溝通這兩個概念就好比讓針線穿過針頭。想要其中一個概念能成功，那麼兩個概念就都得成功：過度專注於其中一個概念，便會導致浪費與痛苦。

然而現在的組織卻較習慣於投資在市場溝通上，而不是建立有效的關係。溝通總是比形成基礎的關係更具體，因此企業常常早就會準備好溝通（而不是關係）的預算；只有在兩者都宣告失敗時，企業才會發現缺一不可。

組織面對的挑戰是，對關係與溝通的態度要更具有想像空間，並且要好好看清楚它們到底是什麼：關係與溝通是一體的兩面。

企業必須持續發展並維護關係與溝通，而不只是走走停停、虎頭蛇尾。

訊息地圖確實有效──它擁有輝煌的歷史──但只有在企業組織清楚的了解想達到的整體目的、關鍵目標、文化、關係、溝通和團體合作的行為時，才能顯現最棒的效果。

「地圖」系列的下一個，就是行為地圖。

行為地圖

行為地圖很像訊息地圖，但它是用來決定團體行為而不是市場訊息。

行為地圖是一種解決企業價值面對最大異議時的有效方法，很難與個人情況有關聯。行為地圖的主要目標，就

是讓每個人都能把企業價值簡單地轉換為清楚、可執行的行為。

定位行為地圖，對組織致力於使用單一文化的影響很大，但如果能搭配整體文化的計畫，會比單一使用的效果好。

行為地圖的主要元素為：

1. 重要關係和價值

行為地圖與在文化地圖中所定義的關係有關，並且建立在支援各個主要關係的價值上。

2. 組織結構

在建立企業組織的重要關係和價值後，就要確認組織組成的方式；它是以加強這些關係的方法為基準，而不是使用阻礙、模糊或令人困惑的方式。

目前的組織結構是前人的遺產嗎？這會幫助或阻礙客戶的注意力？

如果一家企業組織要保持整體性和主導權，那麼就絕對要有結構；相對地，這也擁有很大的約束力，可能妨礙效率和績效的進展。

這個步驟的關鍵，就是找出最沒有傷害性和可以提供最高利益的結構；而這通常需要未受既定利益影響的外部資源。雖然如此，許多企業想要在暗地裡建立帝國的渴望仍然存在。

這可能不是最完美的解決方案，但我們可以確定一件事：一家建立在主要關係、而不是功能上的企業，無疑會

比其他競爭對手都要好，因為他們比較會受到市場議題、
而不是日常管理工作所激勵。

3. 必要技能

一旦我們檢視了企業結構與主要關係間的關聯性，企
業就必須確保自己能在正確的位置上使用正確的技能。

關鍵技能必須由各部門來定義。

4. 期望的行為

下一步，就是要定義我們想要人們表現的方式。你希
望人們如何使用他們的技能，來增進需要維持的關係？

組織的價值，要怎麼轉變為可理解及可查核的行為？

對許多組織而言，這都是很重大的步驟；它也提供了
長久以來，管理企業聲譽和傳達一貫的客戶服務時所遺失
的環節。

這裡所說明的步驟，適用於各類型的角色，而不只是
面對客戶的功能。大到常務董事、小至銷售助理，這都同
樣有關聯。

5. 激勵

確認了期望的行為之後，我們就可以開始激勵他人做
正確的事。

企業組織必須明白，人們會被不同的事情——包括績
效和態度——所激勵。

這表示我們必須花時間去了解員工，以及我們期望他
們達成的目標。

在個人獎賞和認同上，這也表示我們得採取有彈性的步驟。許多企業組織一聽到這一類型的主意時，都會先往後倒退三步，因為他們覺得這太麻煩了——會讓他們花更多錢卻更沒有成效。

6. 獎勵、酬報、獎賞和認可

那些施行無效、偶而為之的「獎賞和認可」政策的企業組織，是在浪費大筆金錢。許多企業組織的紅利架構，都與人們的表現無關；有時候，甚至還會獎賞那些行為和組織目標背道而馳的人！

實施行為地圖的花費，經常能夠節省重建獎賞制度所需的大筆金錢！

企業組織必須確認，他們獎賞的是符合標準的事蹟，而且這樣的獎賞會改變員工的表現。

改善了原本那種隨心所欲的獎賞及認可理由之後，企業組織就能節省經費，並創造更多利益。

7. 示範

示範你想要他人表現的行為。由於每個訊息都需要證據，所以每種期望的行為也需要有示範。

在任何情況下，你都無法要求你的團隊以一種連自己都沒能遵守的方式做事。

只有在期待標準可以套用到企業組織中的每個區域和每一層級時，行為地圖才會有效。

你可以替自己所期望的行為背書嗎？

- 哪些人是企業組織中的典範？
- 這些典範男女都有嗎？
- 組織內的各個部門裡都有典範嗎？
- 有任何資深經理人以自己的行為來貶低此一過程嗎？
- 期望的行為有被反映出來，並由組織的政策和標準來支援嗎？
- 期望的行為與組織的訊息一致嗎？

　　如果沒有各個階層內個人和組織的示範，要想控制行為便難上加難。真正傑出的主管會自然地做出示範，良好的關係就也會因此自然形成。想想任何你所知道的父母和孩子間的親密關係吧！好的父母會做孩子的典範──良好的關係不可能建立在「照我的話做事，而不要照我的行為做事」這種心態上。

8. 溝通

　　零售業的秘訣，就是「地點、地點、地點」；關係和行為的變革重點，則是「溝通、溝通、溝通」。如果內部溝通沒有得到最高經營階層的全心承諾，就無法達成任何目標。

9. 意見與檢視

　　在軍隊裡發號施令──有效；但在今日多數的企業中發號施令──有效才怪。任何行為地圖的基準就是共識；而要達到整體的共識，就是要有三百六十度全方位的透明意見。

行動憲章和企業儀式

我們生活中最重大和慘痛的矛盾，就是我們用盡一切力量，卻創造了一個無聊的社會。

我們是否一達到目標就無法執著下去？對於我們拚命爭取得來的正常狀態，我有極度的無力感。

—— 《自由鬥士的溫柔復仇》，

阿爾比・沙其士，2000

努力爭取達到一個目標，和達成目標之後的生活，是非常不同的兩件事。

維持企業組織的生命和精神，好讓眾人不再接受原本的「夠好就好」，是一項重大的挑戰；這個挑戰，就如同一開始就正確地設立企業組織。

因此，我發展了行動憲章和企業儀式。這兩種方法架構，都是將關係地圖的結果注射到組織血脈中。

行動憲章可以讓事情成真；企業儀式則可以讓事情變得令人振奮。

⊙行動憲章

企業組織有其先天限制，不太可能有一夕之間就衝高的驚人作為。因此，建立信任以實現驚人的成功，其中的一致性就很重要了。

為了讓企業組織言行一致，組織就必須比個人重要；正如同足球隊，團隊一定要比個別的球員重要。

這時，我們就需要行動憲章。

173

行動憲章是一種結合所有關係地圖的結果，好讓這樣的結果能傳達給企業組織的方式。這好比是把《英國大憲章》、《美國憲法》和《人權法案》合而為一，然後套用到組織身上。

行動憲章形成了企業組織和所有員工之間的合約，說明每個人應有的表現，以及員工對企業組織可以期待什麼樣的回報。

對組織而言，它可以是任何實體形式和基調，也可以依照企業文化的不同，展現正式或非正式的形態。

這是企業組織的婚前協議書！

行動憲章是設定企業組織用來執行所有事情的DNA和基因代碼。它連結了企業的策略和品牌，並為領導和溝通搭起橋梁。

行動憲章要能夠聯合組織內的所有人，從財務到行銷部門，並把執行長簡單且精確地定位為「品牌擁護者」。

行動憲章需要MEAT！

所謂MEAT，是指：

- 有意義的（Meaningful）：對每個人而言；
- 振奮人心的（Exciting）：鼓勵人們分享意見；

- 易親近的（Accessible）：建立一個公開、公平及公認的企業組織；
- 明確的（Tangible）：提供委派與決策的有效準則。

　　它們應該每天使用，而不是存放在書櫃裡：行動憲章是活躍且充滿生氣的，不是靜態又死板的文件。

　　行動憲章應該定義得出企業組織與其領導人應有的表現，以及個人對他人的責任，還要能建立企業和社會責任的基礎。

　　行動憲章之所以有效，是因為它在企業和鴕鳥心態間建立起一道防火牆，並提供所有人行為的衡量標準──包括一般員工到執行長和董事長，都能以此衡量。在企業組織的行動憲章下，沒有人可以不負責任。

> 行動憲章建立基於信任
> 而不是能力的文化。

⊙企業儀式

　　在許多公司組織中，企業儀式已是一種消失的藝術。它存在於古早同業公會和俱樂部的時代裡，那時的忠誠度和歸屬感都很重要。

　　企業儀式就像是關係地圖蛋糕上的糖霜，也就是把所有生日派對和個人慶祝會的概念，套用到企業組織的脈絡中。

　　企業儀式是很有趣的，它與人際關係相關，也是件人

生大事。

企業儀式可以讓公司組織團結一致。這是一些小型企業自然又拿手的能力，卻是大企業無法成功達成的目標。

我可不是說在耶誕派對上喝個痛快，醉倒在儲藏室裡的那種東西。我要說的是，企業組織必須舉辦有意義的活動，讓所有員工都能參與，並獲得他們應得的獎賞。

在同一家公司任職二十五或三十年時，以前的員工會獲贈手錶或時鐘來彰顯他們的表現。以21世紀的觀點來看，這或許很奇怪，卻也有很多人認為，這是他們此生中最珍貴的財產。

時移事往，現在的企業儀式代表了不同的意義，但原則還是不變。

企業儀式表示，企業要以歡迎典禮——而不是快速的「入會」過程——接待新進員工。

這也就是說，企業必須認同員工的所有成就，並記錄他們對成功的貢獻。企業儀式就是要花時間感謝並認同員工的付出和犧牲，以及對整體組織的成功和努力做出的貢獻。

這是對以企業為傲之重要性的回報。

企業儀式有賴於：

- 劇場藝術
- 典禮
- 產生歸屬感和驕傲
- 良好的設計
- 誠實的溝通

● 人性價值與貢獻的分享認同

　　企業儀式並不是瑣碎或無足輕重的，它擁有信仰與準則，並期待人們都能遵守。

　　憤世嫉俗的人和受到鴕鳥心態影響的企業，都厭惡企業儀式；企業儀式則厭惡使用最低價值和「差強人意」的精神來做事。

　　作為關係地圖的一部分，以及包含其他書中所述的精神，企業儀式的概念和個人關係與家庭價值更有關聯，並會把這樣的概念套用至組織中。

> **企業儀式是運作中關係的精神：**
> **它不相信平凡，也不會**
> **不好意思慶祝個人或整體的成功。**

鴕鳥心態的展望

　　在本書中，我探討了讓企業成功的重要觀點。我也舉實例說明，其實並不一定要是驚人的企業才能獲得成功，有許多公司根本從來不曾達到驚人的地步。我在此祝所有的企業好運！

　　本書中的觀點，是集結我多年的經驗、以及令人興奮與挫折的事情而來；你可以在許多地方使用這些觀點。就算你只採用本書中的一丁點元素，並一次套用一點在企業組織上，到最後還是能創造與眾不同的成就──我這二十

年來的經驗教導我，任何人都可以踏出改變的第一步，無論池塘有多大、漣漪有多小！

無論企業組織有多嚴重的鴕鳥心態，只要有一個人開始做正確的事，就可以改變企業裡客戶、同事和股東的想法。

但如果《賺錢公司和你想的不一樣》一書可以一點一滴地幫助企業組織，那麼這本書就是要獻給那些全心擁抱這個觀點，以及致力於改變現狀的人。

我們都是擁有自由意志的個人，不是受害者；我們現在所擁有的選擇，是前所未有的多樣化。為了幫助你的企業達到最好的狀態，你要勇敢，要擁抱關係，而且永遠不要接受平凡。

什麼文化？

老套的工作文化：
好的、壞的與尚可的

什麼文化？

　　世界上到底有多少種不同的工作文化？我不確定答案是否為無限，但我知道全世界的確有很多種文化！事實上，工作文化的數量很可能等同企業組織的數量，但還是有可能歸納出一些主要的文化類型。

　　我們特別列出以下十二種可以涵蓋多數情況的不同文化類型。

　　為了幫助你辨別公司內的文化，以及協助你思索企業組織下一個應該採用的文化，我特別主辦了一項工作文化街頭測驗。

　　誠摯的邀請您

什麼文化？
年度文化大獎

如果你是在市場中尋求新工作文化的人，這就是你必讀的文章。我們特地為你歸納了世界上所有主要的工作文化，並詳細介紹這些文化的各個面向，好讓你這位掌舵手選擇最適合的文化！

工作文化的競爭者

我們把工作文化分為六大類。分類的根據，是組織世界中關鍵的關係焦點、主要擁護者和文化的優點部分……

以組織為中心：結果文化、品牌文化、機構文化、利用文化。

以領導者為中心：績效文化。

以員工為中心：認同文化、權利文化、獨立文化。

以客戶為中心：服務文化。

以投資者為中心：利益文化。

以社群為中心：合夥文化、慈善文化。

結果文化：以組織為中心

結果文化非常重視實用主義，常見於開始階段的初始型企業中。在結果文化的影響下，整體的團隊績效被視為至高無上，而且會為求目的不擇手段。

這個文化，對每個人的信仰、企業目標的支持和積極表現都有高度的期待。其中的支持可以是根據對商業原則或商業願景的信念：需要所有人無條件的支持。如果個人沒達到這樣的期待，很快就會被團體剔除。

結果文化是非常狂熱的，而且可能是一種報酬優渥或非常耗費精力的極度緊張經驗。

> 「……可能是報酬優渥或是非常耗費精力的極度緊張經驗……」

優點

以完成工作的效果來看，沒有任何一個文化是「結果文化」的對手。這可以說是文化世界裡的小貨車，除了深受承包商的喜愛，還能夠大大的改造世界：車子雖無華麗的裝飾，卻可以不受任何阻擋也隨時可以啟動出發。這輛車不一定很漂亮，但功能一定比你想像的還要多。

缺點

這個文化的唯一缺點，就是最後會讓你精疲力竭：假使你曾駕車經過又長又崎嶇不平的道路，就知道我在說什麼。

整體評價★★★★

要是這種文化可以持續得久一點，或許就會是理想中的文化。有些成員會贊同某種程度的犧牲，但是常常會有衝過頭的傾向。

這無疑是最具成本效益的文化，但等到大家都累壞了之後，神經就會緊繃起來；如果這時組織忘記休息，關係就會開始走樣。

企業組織成長時，需要發展一種能分享熱情以成就自然成功的結構。

溝通特別容易受到規模大小的摧殘；如果關係要保有一致性，在新進員工的影響下，溝通的需要總是呈指數性成長。

採用結果文化是開始建立企業組織的最好方式，然而重要的議題是，你要知道何時該結束並繼續往前進步下去。

時機與行為方式是最重要的，依賴結果文化太久的人，最後都會面臨關係緊張的問題。

品牌文化：以組織為中心

品牌文化是史蒂芬‧柯維所形容的「人格倫理」的自然企業組織繼承者：視成功為性格與公眾形象的展現。專注在技巧和方法上，運用能力策略來支配他人，並交替使用強制、脅迫、操控和影響的手段以取得所需。

在品牌文化下，關係可說是取得目標的一種手段；無論是對競爭者、員工、客戶或股東來說，支配都是關鍵。表面功夫很重要，至於員工滿意度或客戶服務等議題，則注定要非常努力向上爬，才會被列在優先名單上。

在快速成長的市場裡，如近年來的行動電話市場，品牌文化特別風行；在這樣的市場中，吸引新客戶比加強現有客戶的忠誠度來得重要。

優點

如果你想要有一個華美亮麗的文化，品牌文化就非常適合你。由於身為速度最快的競爭者，給我們的印象也最深刻。這也是可以讓你向朋友炫燿的文化：具有非常多的功能，無論他們在找的是什麼，品牌文化是唯一答案。

賣相好、顏色種類齊全，包裝更是精美。品牌文化可以把一項事物發揮到極致，還有快速實現的附加價值。這個文化沒有複雜惱人的

使用說明：坐上去就可以出發了。但假如你是個軟弱的人，這項文化就不適合你，因為這樣的文化可昂貴得很。使用這個文化的話，你可要時時刻刻到處社交，最重要的是要在最酷的場合中露臉。

品牌文化會隨時提供你驚奇和興奮，但受到的注意時間卻不長，你得隨時都有新點子，才能不斷提供歡樂。

缺點

雖然可吸引眾人的注意，但品牌文化還是有個非常重大的缺點：品質不怎麼可靠！如果你只剩下一個車頭在前進，後面的零件散落一地時，可不要太驚訝。雖然你有辦法把些許零件組合回來，但在回家的路上，可要有朋友會大聲嘲笑你的準備。

除了糟糕的品質外，你也要留意快速貶值和高額的營運成本。這個文化會用奉承的方式來欺騙你：在你受到朋友忌妒的同時，可能也會讓皮夾大大縮水好幾個月。

整體評價★★★

廣告公司經理和對最新點子著迷的人，都非常喜歡這個文化。除此之外，這個文化還是有一些優點的。快速鞭打藤條、毛毛骰子和腿部保暖器……，在市場上還是很有賣點。

品牌文化中有許多令人欽佩的傑出特色，也可以產生其他文化所沒有的腎上腺素激增現象，但就如同拉丁文的這句話一樣──「買者留心」！

品牌文化讓你感到華麗耀眼，可在人前好好演出一場戲；速度與變化，就是它的口號。無疑地，品牌文化最寶貴的美德，就是一接觸人就培養出創造力、革新力、迫切感及興奮感。但你必須在沒有任何基本關係的缺陷下，試著找出駕馭利益的方法。

我大學畢業之後，就開始在一些零售商擔任採購的工作，像是House of Fraser, Top Man, Dorothy Perkins等，這段經驗真的讓我大開眼界。在大型零售商的採購部門工作，可以很快學到強化及整合品牌的優點。

在Dorothy Perkins的採購辦公室裡（內衣部在一邊、洋裝部在另一邊），身為七女一男團隊中的成員，讓我學習得非常快速。每天在辦公室討論和進行的工作，都環繞在年輕女性的市場上。到處都是衣服，如果你不好好吸收女性時尚，你就完蛋了。

到了Top Man後，採購辦公室的情況完全不同，我指的並不是做的事情不同，而是做事方法不同。這裡充滿了年輕的氣息，包括他們所穿、所讀和所想的一切。

只有沉浸在品牌並融入顧客的世界裡，大型的採購辦公室才能在商品抵達時，呈現出完整一致的面貌。

這就是強健品牌文化的力量，讓所有市場相關人士都身陷其中。

機構文化：以組織為中心

機構文化適用於壟斷的企業、組織、受到保護的市場和一些政府部門。

在此一文化中，自我重視和上帝賦予存在的權利，表現得相當明顯。主要的受益者通常是企業組織裡的人士，而受害者絕大多數是顧客。

優點

以車種來形容的話，機構文化就像是介於悍馬和路華之間的車款，最好是在寬廣的大道上奔馳，而不是在蜿蜒崎嶇的小路上行駛。如果你認為全世界的人都虧欠你，那麼這文化就再適合你也不過了。

缺點

如果機構文化好比機車騎士，他就會以時速60哩的速度，在空曠的高速公路正中央行駛；如果你超車，他還會狠狠瞪著你看。

機構文化有太多的缺點，我甚至不知道該從何說起。這是一個會讓Austin Allegro老爺車看起來都衝勁十足的文化。

> 「……這是一個會讓Austin Allegro老爺車看起來衝勁十足的文化……」

整體評價★★

世界上一定沒有任何使用這種文化的人，會認為自己正在做對的事情；而且我敢說，這應該仍是世界上最廣泛使用的文化之一。

那些愛佔人便宜，和深深陷入鴕鳥心態泥淖的人，不會再注意到他們其實是在佔這個文化的便宜。對那些愛耍手段、玩弄規則並鑽研漏洞的人來說，此類文化是最完美的了。關係不過是另外一個佔人便宜的手段；從律師、地方官員到學術界，成千上萬的人就依靠這種方式過著奢華優渥的生活。

機構文化最大的優勢，就是統一的能力；我從來沒見過比他們更能一統企業的文化。小至接線生，大到公司總裁，這個文化可以確保每個人都把企業組織的利益視為第一優先。

利用文化：以組織為中心

構成利用文化的基本前提，就是無限的供應：本文化會一直無限補充新主意、新產品、新員工、新客戶和新股東，以供剝削。

為什麼要投資建立和現有顧客的關係？愚笨的人不是到處都找得到嗎？如果你不在意顧客是否會回籠，那麼品質和服務就是不必要的開銷。如果你很快就能雇到人，那又為什麼要浪費時間和精力在員工訓練上？

既然很容易找到其他願意投機並投資在你身上的人，又為何要浪費時間傾聽，並與那些難搞、苛求的股東建立關係？

優點

如果把這文化比喻為車輛，這輛車就適合在香榭大道上行駛，而且車窗都不透光，並有大型金黃色輪圈、閃閃發亮的排氣管，以及最引人注目的尾翼。

缺點

膚淺和腐敗，無所不為，這種文化不適合正直的人。如果我有這輛車，我會把它停在遙遠的角落。

整體評價★

利用文化只注重當下，拿未來的前途當抵押品。不論是對領導團隊、組織內的各個階層，以及供應商、顧客和投資者，它都相信使用支配與統治的方法最有效。

利用文化中的知識是不願意被分享的力量，每個別人都是敵人。要讓利用文化的信奉者感到混亂的最好方法，就是問他哪個人最想整慘他；答案會是他的同事、員工、供應商、客戶和股東們！

利用文化有著今天在這片土地上大肆偷搶拐騙，明天再移居到另一塊陣地的傾向。此文化也會浪費和危害神聖的資源。

以人類關係的方式來看待這個文化的話，就好比害怕承諾、傾向劈腿、比起談戀愛寧願搞一夜情，並認為婚姻是一種傻瓜專用機制的人。我可是提醒過你們囉！

績效文化：以領導者為中心

在績效文化下，短期主義就是王道！程序改善、效率和系統化是最高準則。財務調動和分享短期的績效，主導了董事會裡的議題。

過去二十年來，許多顧問機構和商業理論都是遵循績效文化建立的，因此，一些現有的商業建議也依循「做好不然就拉倒」的信條。

優點

受夠了不切實際的廢話嗎？如果是，這無疑就是你的解決方案。此文化好比在撲克牌局中不停的叫牌，而且不擔心產生些許混亂。績效文化就好比四輪越野車──上帝會一路上幫助你，買車的時候記得配備全套保險桿──行人、自行車騎士和老人們請自己小心！

缺點

要不是依照上帝的意旨採用這項文化，將會讓你大失所望。行車效能很差，而且開不快、不容易操控也不方便停車。

誰會想開這輛巨無霸買報紙？

這個文化有大聲嚷嚷、主導性強和過於自信的惡霸傾向，他們相信，只要某方面有優點，其他方面就一樣強勢。

如果你喜歡穿著登山鞋坐在家裡看電視，你就屬於這個文化。

整體評價★★

瘦身、改組、程序重建和學習時間與運作的聖堂教父，也是一股不容忽視的力量。教導了我們：

• 人們只會被一件事所激勵，那就是錢：忘了其他的事，直接說重點：到底要花多少錢？；

• 顧客不想接受他們不願付費的服務或品質：顧客和供應商不能信任，客戶服務是卒仔專用的；

• 滿意員工表現只是危險的空話：基本上員工都是懶惰的，必須好好管理。花大錢用最好的人，一個月後沒有表現就開除他們。只有輸家才需要訓練。

績效文化的倡導者通常是消息靈通者，會廣泛處理有形資產，卻不考量無形的員工和顧客滿意度。

節省成本的想法，通常在證明有罪前都是清白的，其他的想法則在證明清白前都有罪。

績效文化的狂熱份子會佔商業失敗的便宜，並用衡量與報告非財務的議題來推翻其他主管的意見。

他們都是知識達人，都拿規範和進行財務報告的義務當靠山；他們所要報告的，更是績效文化中神聖不可侵犯的事情。

知識的財富和避免冒風險的能力，給了這些績效文化狂熱份子高度的自信。他們總是知道答案，但每次都以同一個觀點來檢視，「成效」凌駕了「有效」。

嚴格的財務管理沒什麼錯，卻不是此時的重點。這裡說的，是主管藉由操控報告系統，以確保自己可分得有撐整個組織的高額紅利。

放大來看，績效文化可以是非常具有破壞力、寄生成性、自大狂妄、規避風險、總是評斷他人失敗的傾向。

以人類的術語來看，這可以說是那些受夠假道學，卻不反對以便宜價格購買仿冒品的人。

認同文化：以員工為中心

認同文化好比混血兒的文化，與績效文化有相似之處，卻有一個顯著的不同。

在績效文化中，金錢和自我興趣具有最廣泛的影響；但在認同文化裡，個人認可才是主要目標。歷經績效文化的激烈競爭後，認同員工的良好表現是非常重要的。

當企業的規模龐大時，個人的表現似乎微不足道，因此同事間的互相尊重便變得非常重要。當我在英國石油公司的全盛時期工作時，我發現，有時內部的認可比加薪或升遷對員工的行為更有影響力。

優點

這是一個想受到重視的文化，也攸關市場的聲譽——再說，誰不想偶爾享受奢侈一下呢？

缺點

既是奢侈，就一定所費不貲。當它與生活息息相關時，就會令你入迷：讓我們面對現實吧，生命中一定有比工作，以及和愛炫耀財富的鄰居為伍更重要的事。

> 「……當追求內部或外部的認同，變成個人合理的目標時，就會使企業分心、浪費精力和引發分裂……」

整體評價★★★

當人們工作的時間比在家的時間多時，認同感就很重要。一個人的自尊，可能完全根據他們所開的公司車、辦公室是否有會議桌，或是到了現在這個年紀，究竟有沒有一間私人辦公室而定。

企業的象徵主義十分有力——無論大家怎麼撻伐，堅信成功只是虛有其表——只要善加利用，對企業組織績效和個人就都會有正面積極的效果。

榮譽制度就是認同文化最好的證明，姑且不論目前體制的優缺點，都沒有人可以否認這個基本的力量。

當追求內部或是外部的認同變成個人合理的目標時，就會使企業分心、浪費精力和引發分裂。事實是，人們會開始使用組織的資源作為個人用途。

贊同他人行為，並以適時、公開的讚美來鼓勵一個人的良好工作表現，並沒有什麼不對。

權利文化：以員工為中心

權利文化直接回應企業領導與員工之間的衝突。你通常可以在利益、績效、組織以及利用文化中發現，這是省略太多人際關係後所要付出的代價。

當企業中的不同個體間的信任瓦解之後，每個人都會挺身捍衛自己的職位。這種文化在1970年代達到高峰，當時英國各貿易聯盟的運作幾乎讓國家喘不過氣來。工黨領袖阿瑟·斯卡吉爾（Arthur Scargill）可說是權利文化的終身主席，將此一信仰發揮得淋漓盡致。

> 「……十分顯而易見，在最糟的情形下，會造成嚴重的傷害；而就算在最輕微的情況裡，也是非常危險且昂貴的……」

優點

以汽車術語來形容的話，權利文化比較像公車而不是汽車，雖是大眾交通工具，但仍不是很完美；然而，假使這是從甲地到乙地唯一的辦法，它還是相當吸引人的交通工具。

缺點

要不就等半天沒車來，要不就一連來好幾班。通常又吵又慢，是最下下策的文化。

整體評價★

權利文化是失敗時要付出的代價。所謂失敗，就是企業主管與員工間相互尊重的關係宣告失敗。

此類文化十分顯而易見，在最糟的情形下，會造成嚴重的傷害；而就算在最輕微的情況裡，也是非常危險且昂貴的。

權利文化代表了所有罹患慢性企業壓力的組織，而且會讓組織在金錢方面和社會方面都付出昂貴的代價。

在權利文化當道的情形下，沒有人可以獲得勝利：由於感染鴕鳥心態組織的浪費行為，可分的大餅會愈來愈小，因此員工和主管會淪落到雙輸的局面。權利文化和鴕鳥心態是哥倆好，並且相當容易傳染——如同野火一般在組織內快速蔓延。只要你有點懷疑目前公司內是權利文化當道，要馬上採取行動。

權利文化也會在企業組織間傳染，因此和具有權利文化的企業打交道時可要特別小心，不要染病上身。

獨立文化：以員工為中心

獨立文化可說是權利文化的自然繼承人，形成的原因一方面是柴契爾夫人執政的結果，還有反對依賴他人的改革行動。現在一般都將獨立視為美德，也是任何超過12歲的人類要努力達成的最終目標。

預先察覺失敗而加強領導的企業組織，會增加問題的嚴重性。以教派而言，就像是政府或君主無法傳達任何可靠的指引，因此解決困難的責任，便落到個人的肩上。

如果我們天真地相信所謂的名人會為所應為，就會再次陷入失望之中。當所有足球明星、電視明星和資深企業主管，可以不用負責任就得到一切時，平常人似乎也就沒有理由再依循常規。財力雄厚的企業如安隆（Enron）者，獨立文化就好像他們的最後一道催命符。

由於目前獨立被視為比服務更高的美德，所以人們第一個效忠的對象便是自己——即使他們任職於大型企業，必須服從上級的命令。

在獨立文化的影響下，人們會覺得自己有獨立的必要性；他們滿足於現況、做自己的事並咒罵所有人。如果董事長和總裁都可以這麼做，為什麼他們不可以？

在家工作和輪流使用辦公桌，也加入這項潮流。在擁有更多的自由和較少的情感束縛下，誰還需要「把自己賣給公司」的感覺？

如果公司實際計算一下，這些新觀念造成忠誠度流失的成本，結果一定會相當有趣。

優點

如果你想要魚與熊掌兼得，獨立文化就適合你。這就好比福斯敞篷金龜車或BMW的Mini Cooper S敞篷車款的文化，適合愛玩耍且有辦法擁有這類車款的人。

缺點

對能幹且享受獨立文化帶來自由的員工而言，很難說這個文化有缺點。但就如同權利文化一般，從某些方面來看這也是失敗的代價。

雇主享有較低成本及負起較少責任的好處，卻必須處理忠誠度低落和員工關係缺乏的衝擊。

整體評價★★★

獨立文化的出現，恰好與大批關於「主宰自己生活」類型書籍出版的時間差不多。這類書籍實在多到數不清，也難怪人們都想自立自強。但如果沒有妥善管理的話，就會對企業組織造成大問題。

願意負起員工福利責任的企業組織已經愈來愈少，不但如此，他們還不斷執行降低公司影響力和控制權的政策。對這種疏遠的員工關係，許多組織不會提供多少訓練或文化發展課程；公司和員工對未來的期望也可能大相逕庭。此外，人們工作時間愈來愈短，企業忠誠度也達到前所未有的新低點。難怪原有的文化會被獨立文化取代！

獨立文化重視協調，權利文化則重視對抗，但結果卻很相似：企業組織中的信任和價值瓦解，無法統一處理關於客戶的事物。

獨立文化並不見得會威脅企業成功，但當金錢、成本和效率成為關係中唯一重要的事情時，你就要非常小心了。

服務文化：以客戶為中心

基本上，服務文化就是企業組織的道德倫理。

服務文化與企業組織的道德倫理，都建立在相同的基本原則上：正直、謙卑、忠貞、勇氣、公正、儉約、謙虛、服務概念、追求絕佳關係和辛勤工作。

服務文化特別重視所有關係的價值，尤其是客戶服務。組織領導團隊所呈現的透明度、相互信任、溝通的重要角色、共享的參與和個人展現，都是基本的原則。

優點

服務文化要從何開始做起？這真的頗重要。

綜合賓士的聲譽、BMW的馬力、奧迪的技術、保時捷的效能、阿斯頓·馬丁的外型、法拉利的功能、勞斯萊斯的大膽、富豪Estate的實用性和豐田Pickup的實力，這文化真是了不得。

我要去哪買？

缺點

這是個設計近乎完美的文化，也是絕佳的萬用工具，任誰也敵不過，但是……

每一個工作文化都有缺點。

在此文化中，則有兩項明顯的缺點：

- 花費並不便宜；
- 等待名單很冗長。

這正是你不常見到服務文化的原因。

手工打造的服務文化門檻相當高，因為毫無捷徑可走。你必須花費金錢購買並營運——當然還先要有耐心等待漫長的客製化過程。

整體評價★★★★★

這是企業家的文化。

然而，既然有這麼多專家級的項目，就需要由專家來處理，才能完整發揮優勢。

如果工作生活是單一面向的單調陳規，我就會強烈建議大家使用此文化。但在真實世界裡，這似乎毫無意義。

- 採用服務文化會殺害一些企業。
- 採用服務文化會重傷害其他人。

此文化索價不菲，而且不是一蹴可及。如果使用的動機錯誤，你很可能會因此破產。

組織和人類不同，各種組織都有不同的規則要依循。道德倫理可能適用於每個人，服務文化卻不見得適用所有企業。

服務文化：

- 僅適合擁有資源、機會和願意建立長期商業關係的企業；
- 非常適合用來避免企業壓力；
- 是決定要面對鴕鳥心態的文化選擇；
- 不是唯一成功的工作文化；
- 必須小心處理；
- 支撐長期的關係；
- 可以獲得絕佳成功的工作文化。

利益文化：以投資者為中心

利益文化和服務文化之間最明顯的對比，不是利益相對於服務，而是有如短期相對於長期。受到利益文化影響的企業，大多只重視今日投資的報酬，不準備期待久一點的長期報酬。

英國有很多股票市場導向的典型公司，不管是投資者或管理者，都不太願意投注金錢和時間在未來上。

股票交易快速，因此長期的前景只對影響今日股價有重要性。投資者寧願今天賣出，明天再用較低的價格買進，而不是投資未來市場。既然有這麼多經理人的利益和股價表現息息相關，誰又願意當革命烈士？

優點

如果你想成為他們的一份子，你就會喜歡利益文化：沒有人會因為接受利益文化而被炒魷魚。

缺點

它幾乎讓所有其他的文化看起來都更棒。如果用車子形容，就介於古董加長型禮車與福特Granada之間。

> 「……這文化只不過是藉口；它漠視人性特質及關係，而且到最後可能什麼也沒有……」

我不認為這是個優良的文化。沒錯，它是安全可靠；但老實說，我寧願開靈車。

這文化只不過是藉口；它漠視人性特質及關係，而且到最後可能什麼也沒有。

整體評價★★

利益文化代表了一些最糟糕的英國企業：公司表現平平，還把創新和冒險都擱在一旁。當利益文化出現時，鴕鳥心態也會出現，而且還不只限於大型企業。

你有沒有見過那些在紅綠燈旁的「使用空閒時間一天賺五百英鎊」小廣告、收過中了獎金一百萬英鎊的通知信，還是接到通知你去領錢的電話？

這些錢真的拿到手了嗎？還是最後你打了好幾通每分鐘三百英鎊的電話到開曼群島？

不要被誘惑。我知道眼前的獎金聽起來總是格外誘人，但是貪小便宜都沒好下場，最後我們都得付出代價。

合夥文化：以社群為中心

合夥文化是與眾不同的文化。合夥文化可說是其他多種文化的混合體。

合夥文化與服務文化、結果文化分享相同的價值，並對股東比對投資者有更開放的態度。

合夥文化強調提供服務關係的方式，與服務文化對待客戶的方式相同。

優點

這是種穩健的工作文化，也非常重視其「乘客」的安全和舒適。就如同富豪車款的文化一般，但附加了雙重控制的優勢。舒服、好開且安全；如果你不介意天窗上貼有汽車駕駛學校的標誌，那麼這可能特別適合你。

缺點

多重文化，多頭馬車，公司很難有活力。

整體評價★★★

這是沒被充分利用和發揮潛力的工作文化。它擁有很多市場上最棒的優勢，卻還是只能跟在同業的屁股後面；也許，這是因為行銷手法失當的緣故。

合夥文化很難成為成長最快速的一群，但如果能敏捷地補給夥伴的需要、快速回應市場情況，長期來看表現應該會相當亮眼。

慈善文化：以社群為中心

有其他事情比金錢更危急時，慈善文化就會出現。此類文化和其他類型相當不同。

慈善文化適應度強，可接受超短期（例如飢餓三十活動）或是超長期（例如永續生存和拯救地球）的企業組織。

這些組織最重要的事，就是必須比其他人更努力，以整合他們的工作文化。從董事、專案經理、義工到公眾，所有人都要清楚知道組織目標，和錢到底花到哪裡去。

優點

這是福斯露營車的工作文化。到底要完美地漆上淡藍色，還是繪上花朵？不，那都不是重點。

缺點

慈善文化必須避免業餘心態或嘗試同時運用許多技巧的陷阱。你有多常見到一輛露營車停在路肩，車旁圍繞一群計畫去衝浪，結果卻哪兒都去不了的衝浪小子？

整體評價★★★

這項文化比其他的文化更具潛力，因為它的熱情和支援力都名列第一。但我卻常見到，這種文化同樣被抑制所有文化的困惑所困擾。

因為擁有慈善文化組織的角色常常是志願性質的，且目標不是簡單的獲得利潤，還常常存在著無法詮釋和測量的可能性。雖然簡明的金錢目標會伴隨著大量的業績而下滑，但至少提供了專注的元素。

慈善組織或慈善團體通常是鴕鳥心態的溫床，因為它們無法清楚地界定目標和價值。

我恐怕得說，董事和許多社群的主管，通常不知道問題的嚴重性，更造成了無窮盡的問題。

他們不是很了解自己的責任，並在造成威脅組織生命的災難時，不會為自己的行為負責。更糟糕的是，他們具有先入為主的觀念，又與現實世界脫節。指派的過程更是神秘——負責指派職位的人，是以團隊的需求為準則，而不是評估最適合的人。那些大膽詢問自己是否能參與其中的人，會自動被視為不適任。

這樣的情況相當詭異，如果知道任何信託基金、學校或慈善組織有這樣的情況，你就有責任解決。

我的經驗告訴我，慈善工作文化對適當的「治療」反應極佳，因此可以快速治癒企業壓力和鴕鳥心態的症狀。

它們需要清楚的思緒，因為依賴複雜的關係是獲得成功的唯一辦法。但最重要的是，它們需要有人夠勇敢，能帶領大家突破重圍並解決困難。

只要有真正清楚的指示，就可以教導並釋放他們的熱情，進而獲得驚人的成功！

如果你的身邊有分裂的慈善文化，請打電話給我！

整體結果

不同文化的考核結果如何？

文化	整體評分
服務文化	★★★★★
結果文化	★★★★
合夥文化	★★★★
品牌文化	★★★
認同文化	★★★
獨立文化	★★★
慈善文化	★★★
機構文化	★★
績效文化	★★
利益文化	★★
利用文化	★
權利文化	★

　　一如大家所料，服務文化拔得頭籌──但可別遺漏了結果文化及合夥文化的優點！

從初始階段到圖利階段等

　　文化類型和組織成熟度之間，不一定有直接的相關性，卻有一些強烈的連結和關係。

組織類型	採用的文化	文化評比
初始	結果	★★★★
圖利	獨立	★★★
	品牌	★★★
	認同	★★★
	績效	★★
封建	組織	★★
	利益	★★
	利用	★
	權利	★
進階	服務	★★★★★

　　要判定合夥文化或慈善文化與組織類型之間的關係相當困難。

　　在這兩種情況中，組織的成熟度較不依賴所採用的文化類型，卻依賴套用文化的方式。

工作文化的現實面

工作文化的現實面當然是你無法花錢購買的，每個企業的工作文化也各有不同。

但這也證明了許多事：

- 只要談到文化，關鍵問題就是要發展出組織正確的工作文化，而且同一個文化類型並不適用於所有情況。

- 建立或打破工作文化並不是主要目標，只是細微的差別而已；套用的完整性也一樣。

- 幾乎每一種工作文化，無論實行結果孰優孰劣，都可在正確的情況、一定的時間內達到成功。

- 使用某些工作文化時，會無法達成整個企業的一致性。像是利用文化、利益文化、績效文化和機構文化的旺盛鬥志及失衡的本質，將無可避免地驅使權利文化或是獨立文化站上支配的地位，進而導致無法避免的失焦、破壞關係並減弱績效。

- 企業必須有足夠的彈性，在適當的時機依其大小和市場需求來成長、發展並變更工作文化。

- 如果一家企業想要一路通往令人讚嘆的成功地位，就必須克服比其他「中度」成功企業更多的挑戰。它必須展現比其他成功企業更多的工作價值、企業關係和組織文化，更要隨著時間維持下去——即使在面對困難和困惑時也是一樣。

什麼文化？
年度文化

出奇成功的企業組織必須發展與服務文化相近的工作文化。

附錄 2

有效關係的
原則

有效關係的原則包括：

⊙誠實和正直

真實、信任與和平，是有效關係的基本原則。你可以偶爾欺騙一些人，但沒有一家公司能夠永遠欺騙所有人。

⊙公平

在現今的企業組織裡，公平的概念常會被遺忘，但其實公平是很重要的一點。事情都有因果，若關係不是建立在公平的基礎上，那就不會長久。

⊙相信成長的潛力

希望是初始型企業的基石，卻會在成長過程中消失。希望代表的不只是對未來市場的樂觀預測，而是一個能塑造整個企業組織關係的精神。

⊙耐心

令人驚嘆的成功不是一蹴可及，有效的關係需要時間來建立。

⊙他人的鼓勵和支持

對那些自然建立良好關係的人而言，輔導是每天的功課。任何一個忽略輔導和教育的企業，就會失去許多團隊成長和學習的機會。良好的團隊與良好的家庭一樣，依賴的是彼此之間延伸的網路，藉以強化並發展每一個個體。

就算是團隊中最資深的人，也會需要幫助；有些人會

認為，如果我們愈資深，就必須接受更多的輔導以保持在最佳狀態。你應該沒有見過任何一位傑出的運動員，只因為剛剛贏得一場重要的比賽，就決定自己不再需要教練了吧？

⊙勇氣

勇氣是任何一個想對抗鴕鳥心態的人，所需要的先決條件。當關係需要重建時，勇氣就是踏出第一步的功臣。

⊙謙恭謹慎

這對財大勢大的企業而言沒什麼用，因為它們只想賺了錢就跑。在時機好的時候，謙恭謹慎可以幫助你維持穩固的關係；而時機不好的時候，至少它們會讓你還有朋友願意幫助你。

⊙追求卓越

你想要有多好？

- 「普通」就足夠了嗎？
- 「過得去」就可以了嗎？
- 「比別人好」就夠好了嗎？
- 「很好」就滿意了嗎？
- 還是，你想要成為最棒的？

高效率的關係和追求卓越的熱忱是天生一對！

⊙簡明

保持單純：複雜會讓關係的發展緩慢下來，還會讓你身陷不必要的陰謀中。

⊙勤奮工作與個人努力

成功與有效的關係沒有捷徑；辛勤工作一直以來都是不二法門。

⊙服務的概念

這張清單裡的所有美德，就屬服務概念最為重要也最基本。

假使我們將關係視為能夠予取予求的資源，它就會變成我們所想的樣子。關係將會變得可以交易，而且不會建立任何善意和信任。這樣的關係會達到眼前的目標，但不會是成功的必要標竿。

服務現在被視為老套又古怪。對任何一種對象的犧牲奉獻概念——無論是對國家、企業、宗教或任何事——都會遭到某些人嘲弄。

很不幸地，在許多企業裡，「服務」和「奴役」在本質上已有所關聯。提供服務似乎已成為低下的職業，有些人甚至不再以提供服務為榮。

但這會讓你付出代價——受損和破裂的關係。

⊙開誠佈公的溝通

溝通雖然是最後一個元素，卻絕對不是有效關係中最不重要的一環。現今的一般企業，得將內部溝通提升四倍、外部溝通提升兩倍，才可能「接近」應有的標準。

我常常與一些忽略關係基礎的企業合作，由於這個盲點，最終他們都會以破碎的關係收場。

真相地圖的問題範例

真相地圖的提問

很明顯地,任何在真相地圖中該問的問題,都必須與企業要被審核的面向相關。我們可以從以下的基本問題開始。

我們的受眾通常包括:

- 領導團隊
- 管理階層
- 員工
- 市場:顧客和供應商
- 股東和其他股東
- 社區和環境

問題範例可能包括:

⊙目的與方向

- 組織想要達成的目標到底是什麼?
- 主管間的共識範圍有多廣?
- 整個組織內的理解程度都夠好嗎?
- 你為何認為這個機會確實存在?
- 這對投資者有吸引力嗎?
- 這對社會或環境有影響嗎?

⊙領導與溝通

- 領導團隊是否親自示範他們想推廣的議題,並進行

有效的溝通？

- 管理階層有效轉換組織領導力至每日政策和指導的程度有多高？
- 企業領導人是否受到全體人員的尊敬？
- 市場是否認同企業領導的力量和價值？
- 投資者對領導團隊的品質評價如何？

⊙績效與創新

- 領導團隊是否被認定為組織良好並願意接受質疑？
- 當浪費降到最低時，你覺得機會變大了嗎？
- 你是否在組織中建立有效的授權和影響力？
- 企業有專注在顧客的需求上嗎？
- 確認和測量績效及創新的基準為何？

⊙團隊合作與文化

- 領導團隊是坦率及有熱忱的嗎？
- 組織文化具有創新和個人責任感嗎？
- 工作者是否認為自己的努力受到肯定並被評估？
- 顧客是否因為組織良好的團隊合作而獲利？
- 投資者對組織團隊的合作平等性有何評價？
- 關係有多受到尊敬？

⊙產品與服務

- 整個領導團隊有多常和客戶溝通他們的想法？
- 你是否清楚明白自己銷售的產品？買家是誰？為什麼購買？

- 每個人是否都了解這一點？他們的個人角色又是什麼？
- 顧客了解產品與他們的相關性嗎？
- 投資者認為你和競爭者有多不同？（他們明白所有需要知道的事實嗎？）
- 有任何環境議題需要列入考慮嗎？

⊙顧客服務、銷售與客戶管理

- 領導團隊是否和服務客戶的人員保持聯繫？
- 你如何衡量顧客滿意度，並管理客戶機會？
- 每個人是否都專注在達成客戶的需求？
- 顧客有多滿意？
- 你如何評價組織內善意的程度？

⊙識別、外觀與感覺

- 領導團隊是否了解，並實際對企業識別的影響負起責任？
- 你的個性一致嗎？
- 你的外表態度反映出個人熱忱嗎？
- 其他人是否了解並支持你的內外溝通政策？
- 相關顧客和潛在顧客是否讚賞你的溝通技巧？你怎麼知道？
- 你的品牌價值有多高？要怎麼再向上提升？

⊙資訊與知識

- 領導團隊消息是否靈通？

- 溝通正常且消息自由流通嗎？
- 每個人都能得到工作上所需的資訊嗎？
- 顧客和潛在顧客能得到所有需要的資訊嗎？
- 你和投資者間的溝通良好嗎？
- 這個企業願意學習嗎？

附錄 4

關於作者

　　威爾‧莫瑞（Will Murray）人稱「企業達人」，是企業教練，也是處理商務關係紛爭的箇中高手。

　　近年來，威爾不斷提倡更有效率的公司組織，幫助企業屏除限制未來發展的舊式關係，為「關係管理」開創新意義。

　　大學畢業之後，莫瑞善用自己對商業的敏銳感覺，一腳踏入瞬息萬變的零售採購業，並且為英國電子零售巨擘Dixons Group、百貨業者House of Fraser和Debenham工作，從中習得企業聚焦和強化合作關係的重要性。

　　轉行之後，威爾立刻把握機會，將他努力學來的知識套用在總是浮誇不實的企業裡。他先後任職於英國電信公司（BT）與安永管理顧問公司（Ernst & Young），負責行銷和客戶關係。

　　由於這些概念與客戶的形象息息相關，對於任何企業都很重要，因此威爾便運用了這個概念，挑戰構成和激勵組織的現況，以幫助企業成長並邁向成功。

　　受到南非和前南斯拉夫等國際情勢巨變事件的啟發，威爾擷取了過去用來解決根深柢固之文化衝突的方法，將之套用在企業環境裡。

　　威爾也了解，這些方法用在私人和關係發展上大有好處。仔細查看企業組織的來龍去脈後，他很快就發現關係諮詢背後所隱含的意義，並證明它們在商業中的重要性。

　　有時候，威爾也會被稱為「公司的結婚諮詢專家」，他用十分有趣及創新的跨時代觀點——如「商業關係中的真相與調解」——來轉變所有企業行為的前景，就算是學校或大型公司，也都一體適用。

　　威爾之前的著作，包括敘述消費者熱情、背叛和復仇的 *Brand Storm*，以及介紹爆炸性想法的藝術 *Hey You*。威爾也為多家具有領導地位的創意公司工作過，如Brand House、tgd和The Fourth Room；現在的他，則專注於幫助各種不同規模的組織——從大型的股份有限公司到小型的獨立工作室——建立強而有力的商務關係。

will@willjmurray.com

團隊成員

安娜希・班布里

商業概要：目的、專注、溝通

身為「商業概要」（The Business Brief）的創辦人之一，安娜希是關係管理和領導團隊與其企業互動的專家。

安娜希常常強調，在維持一家企業長久成功時，關係有多重要；她更是改造小組成員中唯一的女性。安娜希擅長運用技巧，經由文化變更的潮流和暗流來指導企業。

annalese@thebusinessbrief.com

提姆・蓋伊

tgd：專注於經濟面的溝通

時機非常重要；而提姆則非常幸運，剛好身處於英國1960年代開始的圖像設計復甦期。

當提姆在里奇蒙（Richmond）執業時，他已經在劍橋修習過印刷貿易的課程，並獲得倫敦大學印刷藝術與設計學位；他還在RSA獎學金的資助下，走遍北歐地區。

身為FHK Henrion的弟子，提姆具有多元化的商業設計技巧，並著重在內部設計專案；他更以相同的熱忱，替英國女王的狗食供應商設計發展包裝方案。

如今，提姆以三十四年來在設計和溝通產業中相同的態度和自信，經營一家商業溝通的顧問公司。

提姆的主要商業基礎，是皇室相關服務與三十多年來累積的商業關係。

timguy@tgd.co.uk

大衛‧柏特

db&co：溝通設計指導

二十多年來，大衛已經累積不少領導各大世界知名公司從事多種具有挑戰性設計和溝通專案的經驗。

大衛和提姆是訊息地圖的創建人；大衛受到以下兩個重要的原則引導：

- 良好的溝通設計，應和策略商業目標有清楚明顯的連結；
- 溝通解決方案要有效，良好的商業關係就非常重要。

db&co提供各大企業針對其投資者、商業客戶、消費者和員工令人信服、精準、相關、具見解和有效的溝通設計。

大衛先前也在著名的策略設計公司Conran Design Group和tgd擔任重要職務。

davidbirt@dbandco.co.uk

羅里士‧卡南

bcg：市場調查服務

羅里士具有超過二十年的市場調查和品牌經驗，並曾在Reed Business Information PLC、多家B2B廣告公司和Mckinsey Management Consultants工作過，也負責過多項大型國際管理專案。

羅里士曾是Bingham Calnan Group在1992年時的創

建人之一，該公司提供大型企業品牌調查和顧問的服務。

羅里士也常在關於企業品牌發展的國際商業研討會上主講。

lauris@binghamcalnan.com

我們曾在以下公司服務：

AstraZeneca, BA, BHS, Blue Circle, BT, Buckingham Palace, the Burton Group, Conran, Corus PLC, the Dixons Group, Druid PLC, Ernst & Young, Exeter University, Fujitsu, GE, GlaxoWellcome, House of Fraser, HP, Innogy, Insead, Lotus Notes, the National Express Group, Microsoft UK, the National Grid, the Open University, Orange, The Royal Collection, Société Générale, St Paul's Cathedral, Tetley, Thorn EMI, Truro High School, Victrex, Virgin Records, Xansa 以及 Yell 等。

國家圖書館出版品預行編目資料

賺錢公司和你想的不一樣：破除七大原罪、活用兩
大訣竅，一定賺到錢／Will Murray 著；莊芳譯.
－－初版. －－臺北市：臉譜出版：家庭傳媒城邦分
公司發行，2008〔民97〕
面； 公分. －－（企畫叢書；FP2172）
譯自：Corporate Denial ： Confronting the World's
　　　Most Damaging Business Taboo
ISBN 978-986-6739-47-7（平裝）

1. 企業經營　2.管理科學　3. 管理心理學
494　　　　　　　　　　　　　　　　97005400